NOUVEAUX

LÉPIDOPTÈRES

D'AFRIQUE & D'AMÉRIQUE

PREMIERS ÉTATS DE LÉPIDOPTÈRES DE LA RÉUNION

LÉPIDOPTÈRES EUROPÉENS & ALGÉRIENS

DOUZIÈME LIVRAISON

Mai 1888

RENNES

IMPRIMERIE OBERTHÜR

ÉTUDES D'ENTOMOLOGIE

ÉTUDES D'ENTOMOLOGIE

FAUNES

ENTOMOLOGIQUES

DESCRIPTIONS D'INSECTES

NOUVEAUX OU PEU CONNUS

Par Charles OBERTHÜR

RENNES

IMPRIMERIE OBERTHÜR

AVANT-PROPOS

Plus on étudie l'Entomologie, plus on acquiert la conviction qu'il est dans la plupart des cas impossible de déterminer sûrement les Insectes avec la description seule.

Le grand nombre de *specimina typica* que nous avons pu réunir et étudier, nous a surabondamment démontré combien les descriptions sont vaines et illusoires pour identifier les Insectes. Les auteurs eux-mêmes, lorsqu'ils ont négligé de prendre les précautions nécessaires pour reconnaître dans la suite leurs *specimina typica*, ne savent plus, dans beaucoup de cas, à quoi rapporter exactement leurs descriptions. D'ailleurs, combien d'erreurs dans les travaux les moins discutés et que par un accord presque universel on accepte sans contestation ! Ici, ce sont des insectes différant seulement entre eux par des détails individuels, mais *non spécifiques*, de proportions ou de nuances et qui ont été décrits plusieurs fois sous des noms distincts et souvent dans la même monographie ; là, au contraire, l'auteur, faute d'avoir apprécié des différences spécifiques pourtant assez certaines, a décrit, comme faisant partie d'une même unité, des insectes qui en réalité doivent être distingués par des noms différents.

Or, dans ces conditions qui sont loin d'être l'exception, comment est-il possible avec la description seule de faire une identification exacte ? La vérité — et nous ne cesserons de l'affirmer, — c'est que les Insectes dont il aura été publié une bonne figure resteront définitivement dans la Nomenclature, tandis que les noms de ceux qui ont été seulement décrits rentreront fatalement dans le néant, au fur et à mesure que disparaîtront les *specimina typica*, sans lesquels il est aujourd'hui impossible de connaître avec quelque précision à quelles déterminations ils correspondent. Dans la Lépidoptérologie, on peut dire que les iconographies de Hübner, Herrich-Schæffer, quoique péchant trop souvent par l'insuffisance des renseignements qui devraient les compléter (localités, collections), resteront indéfiniment un monument nécessaire, au lieu que les ouvrages descriptifs de Walker, loin d'être une utilité, ne seront jamais qu'un embarras, laissant plein de doutes et d'hésitations l'esprit de ceux qui croiront devoir perdre un temps énorme à étudier ces diagnoses indigestes.

A coup sûr, il est aisé de semer dans les nombreuses publications qui les accueillent des descriptions sans figures, et il est bien facile, par ce procédé économique, de gagner de vitesse les travaux de ceux qui jugent plus à propos d'illustrer par de bonnes figures les nouveautés qu'ils portent à la connaissance du public.

Mais que font dans le présent ces descriptions que leurs auteurs ne songent nullement à éclairer plus tard par des dessins bien exécutés ? Pas autre chose qu'une sorte d'obstruction et de barrière que certains scrupules et aussi — il faut le reconnaître — les réclamations des intéressés empêchent quelquefois de franchir. Quant à ce qui en adviendra dans l'avenir, nous avons déjà fait la réponse et nous croyons que même parmi les descripteurs sans figures dont notre époque abonde, il n'en est pas un qui se fasse sérieusement illusion sur la valeur et la durée de ses écrits.

Où doit-on tendre définitivement lorsqu'on publie une espèce nouvelle ? Évidemment à permettre à tout le monde de reconnaître avec certitude ce que peut être cette espèce. Or, comment donner cette certitude avec des explications sans dessin ? Prévoit-on du reste, quand on écrit, les espèces non encore connues et à qui une même description pourrait convenir ?

Donc, voici la règle qui me paraît être celle du bon sens, de l'exactitude scientifique et de la conservation de la Nomenclature : *Sans bonne figure à l'appui d'une description, il n'y a pas de nom valable et la priorité appartient au premier iconographe plutôt qu'au premier descripteur.*

Certes, il convient de tenir compte de la tradition quand elle existe et il vaut mieux, en publiant une figure, conserver le nom donné dans la description, si on a la certitude de l'identification ; c'est ainsi que l'utilité conseille de maintenir le nom même « *in litteris* » et sous lequel une espèce a pu être répandue dans les collections entomologiques ; mais celui qui a publié la figure a définitivement seul le mérite d'avoir fait connaître l'espèce et c'est seulement à partir de la publication de la figure que le nom prend droit de cité.

Déjà dans nos précédentes *Études*, nous avons affirmé la règle : « *Pas de bonne figure, pas de nom valable;* » mais il y a des vérités qu'il faut répéter quand on se heurte à des objections personnelles et par cela même opiniâtres.

Donc, sans souci d'un parti pris nécessairement partial, nous nous contentons de l'approbation des Naturalistes, de plus en plus nombreux, qui se préoccupent de remédier à la confusion résultant des descriptions sans figures, ruine prévue de notre Nomenclature, s'attachent avant tout à connaître au juste à quelle espèce doit correspondre une détermination, et reconnaissent que la figure bien exécutée donne *seule* l'exactitude et la précision sans lesquelles il ne peut y avoir de vérité scientifique.

Rennes, avril 1888.

Charles OBERTHÜR.

I

LÉPIDOPTÈRES EXOTIQUES

NOUVEAUX OU PEU CONNUS

I. — Ornithoptera Tithonus, DE HAAN (♀, pl. III, fig. 10).

Le ♂ seul de cette superbe espèce était connu, lorsque feu mon ami Depuiset me procura une très intéressante collection de Lépidoptères formée en nouvelle-Guinée et dans les îles voisines par des chasseurs malais et que lui avait expédiée M. Léon Laglaize.

Je trouvai dans cette collection un *Ornithoptera* ♀ que je crus pouvoir rapporter à *Tithonus*, de Haan, et dont j'ai publié la description dans les *Annales de la Société entomologique de France* (1885, Bulletin, page cxxii).

Le Papillon a été capturé à Waigiou.

II. — Ornithoptera Arruana, FELDER; aberr. ♀ **Goliath,** OBERTHÜR, et aberr. ♀ **Kirschi,** OBERTHÜR.

Les *Ornithoptera Arruana-Pegasus* étaient nombreux dans la collection précitée. Avec eux se trouvait une aberration ♀ assez semblable à celle figurée dans *Mittheilungen aus dem k. zool. Museum zu Dresden; 1877, Beitrag zur Kenntniss der Lepid.-Fauna von Neu-Guinea, von Th. Kirsch,* pl. V, fig. 1, et dont j'avais déjà reçu un exemplaire, ce qui démontre une constance de reproduction. Je désigne cette aberration sous le nom de *Kirschi*.

Puis il y avait un seul exemplaire ♀ d'un *Ornithoptera* que je rapporte aussi sous le nom de *Goliath,* comme aberration d'*Arruana,* mais dont le faciès est tout à fait à part et la taille extraordinairement agrandie.

Cet *Ornithoptera* mesure depuis la base de chaque aile supérieure jusqu'à l'apex, en ligne droite, 125 millimètres, de sorte que les ailes étant étalées la ligne droite qu'on tracerait en avant du corps et qui joindrait l'apex de gauche à l'apex de droite serait longue de 205 millimètres.

Les ailes supérieures de ce Papillon immense sont presque entièrement noires, les taches blanches ordinaires étant très réduites. Au contraire, les ailes inférieures sont largement envahies le long du bord extérieur par une seule grande tache confluente blanc jaunâtre, saupoudrée d'atomes noirâtres et au milieu marquée de quatre points noirs ronds.

Les yeux sont soulignés par une bordure de poils d'un blanc pur, ce qui donne un aspect étrange à la tête de l'*Ornith. Goliath*.

III. — **Papilio Taboranus**, Oberthür (pl. I, fig. 1).

J'ai décrit cette nouvelle espèce voisine de *Pylades* dans le *Bulletin de la Société entomologique de France*, 1886, page cxiv. Elle fut découverte à Tabora, dans l'Ounyanyambé (Afrique orientale) pendant les premiers mois de l'année 1885. Je ne possède que le seul exemplaire ayant servi de type à la description précitée.

IV. — **Papilio Rex**, Oberthür (pl. I, fig. 2).

Le *Papilio Rex* fut pris à Mhonda, dans l'Ouzigoua (Afrique orientale), au commencement de l'année 1886, par le R. P. Le Roy, missionnaire apostolique de la Congrégation du Saint-Esprit et du Saint-Cœur-de-Marie. Ce *Papilio* a été décrit dans le *Bulletin de la Société entomol. de France*, 1886, page cxiv. Il est mimique de la *Danaïs formosa*, Godman.

V. — **Papilio Microdamas**, Burmeister (pl. I, fig. 3).

Le docteur H. Burmeister a figuré dans l'*Atlas de la Description physique de la République Argentine, Lépidoptères*, pl. V, fig. 8, la ♀ de ce *Papilio*. Je publie la figure du ♂, différant un peu de la ♀, notamment par le manque de la deuxième tache jaune intranervurale près de l'apex des ailes supérieures et l'absence de la bordure de demi-lunules jaunes, le long du bord extérieur des supérieures. Le spécimen ♂ que j'ai fait représenter a été pris à Caraça (Brésil) et m'a été donné par M. l'abbé Armand David.

VI. — **Papilio Judicaël,** Oberthür (pl. II, fig. 4).

Le *Papilio Judicaël* provient de Huambo, département Amazonas, Pérou septentrional. Il a été découvert par M. Jean Stolzmann.

Le ♂, seul sexe que je connaisse, est de la taille de *Cleotas*, Gray; il est voisin de cette espèce, mais il est beaucoup plus obscur; il en diffère, en outre, par la forme de la bande maculaire jaune qui décrit un arc transversal du bord costal au bord inférieur des ailes supérieures. De plus, la bande maculaire des inférieures est très peu apparente, le bord extérieur des mêmes ailes est plus profondément dentelé et les prolongements caudaux plus épais et plus accentués.

En dessous la bande jaune des supérieures est plus large que dans *Cleotas*; la bande maculaire des inférieures, au contraire du dessus, est bien marquée; les lunules marginales sont grosses et rouge brique, surtout à mesure qu'elles se rapprochent de l'angle anal.

VII. — **Papilio Birchalli,** Hewitson (pl. II, fig. 6).

Le *Papilio Birchalli* appartient au même groupe que *Judicaël*; il a été capturé aux mines de Muzo, en Nouvelle-Grenade.

Le *Papilio Birchalli* est de la taille de *Victorinus*, Gray, à qui il ressemble tant par ses ailes supérieures également noires en dessus et marquées de taches jaunâtres assez analogues, que par la forme de ses ailes inférieures dentelées de la même façon et sans aucun prolongement caudal. Mais ces ailes inférieures sont bien nettement différentes de *Victorinus* par la large bande maculaire jaune verdâtre, plus clair vers le bord antérieur, et qui descend du bord antérieur au bord anal, en traversant l'extrémité de la cellule discoïdale. En dessous, *Birchalli* est d'un noir brun un peu rougeâtre vers l'apex des ailes supérieures et sur la surface des inférieures. Les supérieures portent une tache jaune clair en forme de croissant, dans la cellule discoïdale; deux petits traits jaunes contigus à l'extrémité de cette cellule, près du bord costal; cinq taches jaunes intranervurales dans l'espace infracellulaire : la première petite et cunéiforme, les trois autres larges et de forme assez irrégulière, puisque la supérieure est à peu près cordiforme, mais plus allongée à la pointe inférieure, la moyenne presque triangulaire et l'inférieure bilobée; enfin la cinquième petite et cunéiforme. Il y a le long du bord costal une série de points jaunâtres, intranervuraux, plus accentués vers le bas et seulement visibles par transparence du dessus vers l'apex.

Les inférieures sont ornées d'une série intranervurale de croissants marginaux rouge brique, plus gros vers l'angle anal, sauf le dernier, et traversées du bord costal à l'angle anal par une série droite de taches intranervurales dont les deux premières sont jaunes (la seconde de celles-ci est plus grosse que la première), les quatre suivantes rouge brique et presque également petites, l'avant-dernière jaunâtre et petite, la dernière jaune, grosse, allongée et inférieurement soulignée de quelques atomes blanc bleuâtre situés entre cette tache jaune et la tache rouge brique marginale, anale.

En-dessus, le cou est orné de deux taches jaunes latérales et deux petits points jaunes contigus à la tête. En-dessous, la trompe est latéralement bordée d'une petite touffe de poils jaunes; et de même il y a des touffes de poils jaunes aux côtés de la poitrine et au-dessous de la tête; l'extrémité anale est latéralement jaune ainsi que le premier article des pattes.

Le *Papilio Birchalli* a seulement été décrit et non figuré par feu Hewitson, le *specimen typicum* n'existe pas dans la collection Hewitson qui a été déposée, selon la volonté d'Hewitson, au British Museum. Je n'ai pu savoir ce qu'était devenue la collection Birchall.

Le *Papilio Corœbus*, Felder, me paraît être la ♀ du *Papilio Birchalli*.

VIII. — Papilio Cacicus, Lucas.

Dans la collection faite aux mines de Muzo, et que j'ai reçue en 1886, se trouvait une une quantité considérable de Papillons remarquables, et notamment une douzaine de *Morpho Cypris* ♀ appartenant les unes au type fauve et les autres au type bleu.

Parmi les *Papilio*, je dois signaler une forme ♀ de *Cacicus*, Lucas.

Ce *Papilio*, ayant le bord des ailes malheureusement lacéré, diffère de *Cacicus* ♂ par l'absence de la grande bande jaune de l'aile inférieure en dessus, et parce que ses ailes supérieures ont le disque occupé par une grande tache blanche de forme un peu arquée sur son bord extérieur, descendant depuis la côte jusqu'un peu avant le bord inférieur, divisée par les nervures et entamée à l'extrémité de l'espace cellulaire par le noir du fond des ailes qui la pénètre jusqu'à la rencontre de la nervure médiane.

Les mêmes taches intranervurales se trouvent dans *Cacicus* ♂ et dans le *Papilio* que je décris présentement. Mais aux supérieures, au lieu d'être jaunes comme dans *Cacicus* ♂, la série des taches extracellulaires est formée d'atomes bleus ; de même la série marginale est formée par des atomes d'un gris carné. Le dessous reproduit les différences du dessus, mais avec cette distinction que la bande transversale des ailes inférieures non visible dessus, est indiquée en dessous par un espace d'un brun plus clair.

Dans certains groupes du genre *Papilio*, les ♀ sont extrêmement rares. C'est ainsi que je ne connais point encore la ♀ d'*Agesilaus*, *Autosilaus*, *Epidaus*, *Archesilaus*, et je n'ai jusqu'à ce jour pu obtenir que deux individus ♀ du vulgaire *Protesilaus*, var. *Telesilaus*.

Si le *Papilio* ci-dessus décrit est, comme je le suppose, la ♀ de *Cacicus*, cette ♀ serait très différente du ♂ ainsi que *Corœbus* ♀ l'est de *Birchalli* ♂. Cependant des *Papilio* du même groupe, *Asclepius*, *Grayi*, *Scamander*, *Hellanichus* ♂ et ♀ sont semblables. Peut-être *Jelskii*, *Warscewiczii*, *Xanthopleura* dont je ne connais que les ♂, ont-ils comme *Cacicus* une forme distincte pour la ♀ ? Il reste encore beaucoup à connaître sur les *Papilio* de l'Amérique tropicale.

IX. — **Papilio Laius**, Roger (pl. VII, fig. 47).

Papilio Laius n'a jamais été figuré. Il est décrit par Boisduval dans *le Species général*, page 311. C'est une espèce voisine de *Rurikia*, Eschscholtz (*Entdeckungs-Reise unter dem Befehle des Lieutenants der Russisch-K. Marine Otto von Kotzebue, Lépid.*, pl. I, fig. 1 *a*, 1 *b*), mais différente par l'absence de la tache carminée dans l'appendice caudal en dessous et la présence au contraire de la tache blanche à l'aile supérieure en dessous. *Rurikia*, que je ne possède pas, vient du Brésil terre ferme vis-à-vis de l'île de Sainte-Catherine ; *Laius* m'a été envoyé en nombre du Paraguay central par M. P. Germain. *Laius* varie pour la couleur plus ou moins jaune de la tache qui existe sur l'aile supérieure.

X. — **Papilio Vercingetorix**, Oberthür (pl. VII, fig. 51).

Découvert à la Guyane française par feu Constant Bar dont la collection est maintenant jointe à la mienne. Les ailes supérieures du ♂ sont étroites et allongées, d'un noir bleuâtre à la base, plus claire vers l'apex et le bord extérieur, avec une éclaircie blanc jaunâtre formant trois taches juxtaposées, dont deux à l'extrémité de la cellule et la troisième en dehors de la cellule. Les inférieures sont d'un noir bleuâtre ; le bord extérieur en est assez profondément dentelé ; la partie concave, entre chaque prolongement nervural, est finement bordée de blanc et le quatrième prolongement est plus accentué que les autres. A l'extrémité de la cellule se trouve une tache palmée, divisée en quatre parties par les nervures, d'un rouge légèrement orangé et paraissant à l'incidence de la lumière un peu violacé, mais restant mat. Un atome rougeâtre clôt la cellule discoïdale. Le bord anal est un repli soyeux blanchâtre. Le dessous reproduit le dessus ; cependant le ton des ailes est plus brun. Les taches rouges de l'aile inférieure sont encore plus pâles et au nombre de six ; la cinquième tache est longue et se joint à la sixième anale punctiforme.

Les côtés de la poitrine et le collier sont rose carminé. Je ne suis pas sûr de posséder la ♀.

XI. — **Acræa Balbina,** Oberthür (pl. III, fig. 8).

L'*Acræa Balbina* paraît abondante dans l'intérieur du Zanguebar, d'où j'en ai reçu un grand nombre d'exemplaires capturés par M. le R. P. Le Roy.

Les ailes du ♂ ont en dessus le disque d'un rouge brique orangé ; l'espace extracellulaire des supérieures est semé d'écailles noires peu serrées, ce qui donne à cette partie des ailes un aspect transparent ; les supérieures ont, en outre, une tache noire, plus opaque, plus longue que haute, fermant la cellule, et deux traits noirs vers la base et le long du bord inférieur.

Les ailes inférieures sont bordées de noir avec la base marquée de quelques taches noires, devenant souvent confluentes comme dans l'exemplaire figuré au présent ouvrage ; la cellule des inférieures est également close par une tache noire souvent plus épaisse qu'aux supérieures.

Le dessous reproduit le dessus, mais en plus pâle et avec cette particularité que la bordure noire des ailes inférieures est elle-même intérieurement lisérée de rouge plus foncé que la couleur du fond des ailes. Dans la tache noire basilaire des inférieures, il y a quelques points blanchâtres.

La ♀ diffère du ♂ parce que la couleur rouge brique du dessus des ailes est remplacée par du fauve jaunâtre pâle.

Les palpes sont jaunâtres; les côtés de la poitrine en dessous sont marqués de taches blanchâtres; l'abdomen est noir à la jonction du thorax et sur l'arête dorsale; par ailleurs, il est fauve annelé de noir.

XII. — **Alæna Hauttecœuri**, Oberthür (pl. III; ♂, fig. 9, ♀, fig. 7).

Jusqu'à présent on ne connaissait d'autre espèce du genre *Alæna* que l'*Amazoula*, Bdv., de Natal. Nous en avons reçu deux nouvelles espèces, l'*Alæna Hauttecœuri*, découverte par le R. P. Hauttecœur, à Tabora, dans l'Ounyanyambé (Afrique orientale) et l'*Alæna Major*, trouvée par le R. P. Le Roy, dans le Zanguebar.

Le ♂ de l'*Alæna Hauttecœuri* est jaune pâle; la ♀ est plus grande et blanche. Dans les deux sexes, les ailes sont entourées en dessus d'une bordure noirâtre et la base ainsi que l'espace cellulaire sont marqués de taches noirâtres, irrégulières, et au travers desquelles transparaît le réseau formé par les taches du dessous. Ce côté des ailes est entouré d'une bordure large formée par deux séries parallèles de lignes noires ondulées et jointes par des traits noirs perpendiculaires et inscrits sur chaque nervure, de façon à former une maille qui découpe deux croissants marginaux superposés, jaunes dans le ♂ et blanc jaunâtre dans la ♀; puis la base des ailes inférieures est largement envahie par un réseau de traits noirs se joignant par le bord costal à la double bordure précitée et entourant huit ou neuf taches de la couleur du fond. Le bord costal et l'espace cellulaire des supérieures est envahi par du noirâtre au milieu duquel se détachent dans la cellule deux, trois ou même quatre taches de la couleur blanchâtre ou jaune du fond des ailes.

XIII. — **Alæna major**, Oberthür (pl. II, fig. 5), Zanguebar.

Je ne possède que deux ♀ de cette espèce. Elles présentent les mêmes caractères géné-raux que l'*A. Hauttecœuri;* mais elles diffèrent par les détails suivants : la taille est sensi-blement plus grande chez *Major;* la bordure noirâtre est plus large et moins dentelée inté-rieurement; l'espace basilaire est également noirâtre, mais l'envahissement noirâtre est limité de façon que la partie des ailes restée blanche décrive un arc assez régulier du bord costal au bord anal.

En dessous, la double bande noirâtre n'existe qu'à l'aile inférieure où elle n'aboutit même pas complète au bord costal; les traits noirs à la base sont différents. Enfin aux ailes supérieures, l'espace basilaire noirâtre ne contient que deux taches blanchâtres et est limité plus court; le bord extérieur des ailes est marqué de taches intranervurales blanc verdâtre allant en s'allongeant depuis le bord interne au bord apical, et de façon à former neuf taches, dont deux costales subapicales, ensemble intérieurement limitées dans un arc assez régulier noirâtre. Le milieu des ailes est blanc verdâtre. Les pattes sont jaunâtres.

II

PREMIERS ÉTATS DE LÉPIDOPTÈRES

DE LA RÉUNION

Je dois à l'obligeance de M. le docteur A. Vinson des dessins et des renseignements
sur les premiers états de quelques espèces de Papillons de l'île de la Réunion.

Je ne saurais mieux témoigner à M. Vinson ma reconnaissance pour l'intéressante com-
munication de ses observations entomologiques, qu'en les publiant et en faisant ainsi parti-
ciper à la connaissance de ces documents ceux qui s'intéressent à la biologie lépidoptérologique.

Les espèces représentées sur la planche IV de ces *Études* sont :

Papilio Demoleus, V, *k, l, m;*
Papilio Disparilis, VI, *p, q, r;*
Limenitis Dumetorum, II, *c, d;*
Atella Phalanta, III, *e, f;*
Vanessa Radama, I, *a, b;*
Vanessa Borbonica, IV, *g, h, i, j;*
Aganais Borbonica, VII, *n, o.*

Tout ce qui a trait à la description des chenilles et des chrysalides et aux observations
sur les mœurs a été écrit par M. le docteur Vinson.

Papilio Demoleus, L. (Pl. IV, fig. V, *k, l, m*).

La *chenille* est verte, d'un vert jaunâtre ou quelquefois même d'un blanc jaunâtre tirant
sur le chamois. La teinte est uniforme. La longueur est d'environ 42 millimètres et la
largeur de 110 millimètres. L'écusson est subdivisé en deux parties, et la deuxième est

comprise entre deux arcs formés de tubercules sessiles, en relief, ressemblant à des perles d'un jaune brique cerclées de noir et enfermées entre deux lignes d'un beau noir, l'une antérieure et l'autre postérieure, se reliant l'une à l'autre sur les côtés, au-dessus des pattes écailleuses qui sont rouges.

La tête est aussi d'un rouge brique avec deux pointes au sommet, aiguës et latérales.

Derrière le trait noir postérieur qui limite l'écusson, une stigmatale blanche descend en s'élargissant, court le long des anneaux qui forment l'abdomen et remonte, en s'incurvant, vers l'extrémité anale. Sur elle s'appuient deux larges bandes latérales qui se relient supérieurement en forme de chevrons. Elles sont d'un brun marron, encadrées d'un joli liséré blanc. Les pattes membraneuses sont blanches, séparées de la stigmatale par une ligne noire. Le dessous du ventre est rougeâtre. Entre la tête et le premier anneau, la chenille, lorsqu'elle est contrariée, fait émerger deux tentacules rouges et répandant une odeur désagréable de cédrat concentré.

La *chrysalide* est longue de 33 millimètres, naviculaire et carénée. Le thorax est bombé avec une pointe mousse dirigée horizontalement en avant comme un éperon. L'extrémité céphalique est bifide, en forme de croissant, échancrée et dentée en dedans.

L'abdomen est renflé, attaché par la pointe caudale carrée à une tige; la tête est dirigée en haut; un fil blanc jaunâtre embrasse le dos et émerge sur les ailerons.

La couleur générale est jaune verdâtre, avec des taches fauve marron sur les côtés et le long de la bande dorsale. Quelquefois la couleur est d'un rose carné.

On distingue aisément la chrysalide de *Demoleus* de celle de *Disparilis* par ses proportions plus étroites et plus longues et par l'extrémité céphalique, bifide, tandis que cette partie est coupée carrément dans *Disparilis.*

La chenille de *Demoleus* vit sur les *Citrus.*

Le *Papilio Demoleus* a été importé à la Réunion par M. le docteur Auguste Vinson qui imagina, lors de son voyage à Madagascar, de doter son pays natal d'une acquisition lépidoptérologique nouvelle.

Le *Papilio Demoleus* avait frappé le docteur Vinson par sa beauté et la possibilité d'en rapporter des larves vivantes à Bourbon. Déjà ce *Papilio* avait été introduit à l'île Maurice, sans qu'on sût comment. La multiplication de cette brillante espèce se fit très rapidement à la Réunion, non toutefois sans émouvoir l'opinion publique.

En effet, l'introduction et la multiplication énorme du *P. Demoleus* à Bourbon coïncida avec une mortalité presque générale des orangers, citronniers, combavas, vangassaillers, etc. On attribua cette mortalité au *P. Demoleus*.

Le docteur Vinson fut l'objet d'une critique générale, et le vulgaire irrité donna au *Demoleus* le nom de *Papillon-Vinson*, sous lequel il est resté connu dans l'île Bourbon, marchant, comme Érostrate, à la postérité, sous le renom d'une calamité publique!

Il y avait là un fait encore mystérieux à expliquer. Le *Demoleus* existe par milliers à Madagascar, à Mohëli, etc., et les citronniers y sont en pleine prospérité.

Bien mieux, en outre de *Demoleus*, les *Papilio Brutus, Epiphorbas, Nireus*, etc., mangent les mêmes feuilles, et pourtant ne nuisent point aux citronniers qui les nourrissent.

Il fallut donc chercher ailleurs que dans *Demoleus* la cause de la destruction des citronniers. La découverte en fut aisée.

Il suffit, en effet, de prendre une branche d'oranger et de la porter sous le champ d'une bonne loupe ou d'un microscope pour se convaincre que l'écorce, à sa surface, est garnie tout entière d'une véritable couche d'une galle insecte brune qui simule l'aspect cortical. Ces milliards de parasites ont vite épuisé toute la sève, et l'arbre, couvert de cette peste, meurt complètement desséché.

En ce qui concerne *Demoleus*, non seulement il est un ornement pour les jardins et les vergers, mais loin d'être un fléau pour les *Citrus*, il est une utilité, car sa chenille ne se met que sur les gourmands et les pousses inférieures qui enlèveraient la sève des branches principales et supérieures.

Ces branches supérieures se fortifient alors par la destruction des pousses basses qui soutirent la vie à l'arbre.

Le *Papilio Demoleus* est, avec *Disparilis*, le représentant du genre à l'île Bourbon. La grande terre de Madagascar est bien mieux partagée sous le rapport des *Papilio*. Jusqu'à ce jour, on a observé treize espèces de *Papilio* à Madagascar; mais on ne connaît point encore toutes les espèces de ce beau genre qui habitent cette île, car nul n'a encore capturé le *Papilio* noir à taches rouges que le docteur Vinson a aperçu pendant son voyage, et dont il est fait mention dans les *Annales de la Société entomologique de France* (1863, p. 426), à propos de la *Salamis Dupréi*.

M. Vinson nous a reparlé de ce *Papilio* et dans les termes suivants que nous empruntons à sa lettre de juin 1885 : « J'avais capturé le *Papilio Endochus* dans la forêt centrale d'Alanamasaotrao où un très beau *Papilio* entièrement noir avec des taches rouges, mais que j'ai observé de bien près, m'avait échappé. Il se faisait remarquer par sa grandeur, sa beauté et sa rareté. La caravane allait très vite; j'allais me perdre; il fallut l'abandonner! »

Quand un entomologiste sera-t-il assez heureux pour faire de nouveau la rencontre de ce *Papilio*, dont on ne connaît pas de similaire en Afrique, qui, par sa couleur, se rapprocherait de l'*Hector* de l'Inde anglaise?

M. Humblot nous a aussi entretenu d'un très grand Papillon qu'il a vu maintes fois, sans jamais pouvoir le saisir et qui fréquente le sommet des arbres élevés.

Le centre de Madagascar renferme assurément un nombre encore assez grand d'espèces notables de Lépidoptères qui jusqu'ici sont demeurées inconnues.

Papilio Disparilis, Bov. (pl. IV, fig. VI, *p*, *q*, *r*).

La *chenille* est longue de 4 centimètres environ; souvent elle est plus raccourcie. Elle est d'un beau vert de velours ou d'un vert jaune citron. Elle est glabre, lisse, présentant mille points sous-épidermiques semblables à l'apparence des feuilles des *Aurantiacées* avec leurs petits sacs vésiculeux interutriculaires renfermant leur huile essentielle. Quelques-uns de ces points circulaires, à centre plus clair, rangés le long des quatrième et cinquième anneaux, sont assez gros et comme des tubercules sessiles.

La tête est coupée carrément par un bandeau blanc terminé par une épine de chaque côté. L'extrémité anale est coupée de même et terminée également par un trait clair qui finit en pointe de chaque côté.

Les quatre premiers anneaux antérieurs sont compris par un ourlet blanchâtre ou légèrement jaunâtre, en relief, à forme elliptique, faisant suite au bandeau frontal. Cet espace scutelliforme, plus étroit en avant, plus large et arrondi vers l'arrière, se contourne derrière le quatrième anneau en passant latéralement au tiers inférieur de la hauteur de la chenille.

A ce même niveau, part derrière cette sorte d'écusson, une bande jaunâtre, peu flexueuse et longitudinale, qui va se perdre à l'anus au-dessus de la stigmatale.

Cette dernière, bien déterminée et relevée en festons réguliers au-dessous de chacune des pattes membraneuses, est d'un beau blanc d'argent qui s'étend sous l'abdomen. Le repli incliné du dernier anneau, formant l'anus, est d'un bleu clair ou blanchâtre.

Deux tentacules roses érectiles émergent en arrière et au milieu du front lorsqu'on irrite la chenille et répandent une odeur de sécrétion caractéristique.

La *chrysalide* est grosse, épaisse, anguleuse, forme bombée, tantôt verte ou vert jaunâtre, tantôt simplement jaunâtre ou marron, ou encore couleur café au lait ou feuille morte sèche. Elle est longue de 3 centimètres et large dans sa plus grande dimension de 11 millimètres. L'épaisseur de la base du corselet à la voussure abdomino-pectorale, fortement carénée, est de 1 centimètre.

On trouve cette chrysalide suspendue et attachée à la tige des *Citrus* par son extrémité caudale qui est anguleuse et finissant graduellement en pointe.

Les ptérygodes sont bien marqués.

L'extrémité céphalique est coupée carrément et évasée sur les côtés en pointes, de manière, vue en-dessus, à former un triangle parfait.

Le corselet est fortement bombé en dessus et à facettes sur les côtés.

Les ailes repliées sont bien dessinées, avec une série de points petits et noirs à leur limite. On voit deux gros points noirs à la base du corselet.

La chrysalide se trouve retenue contre la branche et contenue par un fil soyeux blanc ou jaunâtre, embrassant la chrysalide elle-même, fixé d'une part à la partie dorsale et d'autre part à la branche par deux extrémités.

La chrysalide est toujours la tête en haut; c'est pour cela, sans doute, qu'il y a ce fil autour de la ceinture. Autrement la chrysalide pourrait se renverser en arrière et prendre l'attitude opposée.

Le *Papilio Disparilis* habite Bourbon et sa variété *Nana* les Seychelles.

Le *Papilio Phorbanta* habite l'île Maurice. La chenille de ce dernier a été observée par J.-B. Dumont qui, dans une note écrite en prairial an VIII, sur l'entomologie de cette île, parle avec détails des tentacules céphaliques de la chenille de *P. Phorbanta*.

Voici en quels termes s'exprime le naturaliste Dumont : « On voit sortir, lorsqu'on touche » la chenille de ce *Papilio Phorbanta*, deux petites cornes d'un beau rouge, semblables » aux tentacules des limaçons, supportées sur une même base et qui se retirent aussitôt » qu'on cesse d'irriter la chenille. Lorsqu'on presse fortement sur les premiers anneaux, » on les fait également sortir. Ces cornes sortent par une petite fente transversale qui a la » forme d'un ⹀. Cette fente se dilate et l'on voit sortir l'extrémité de la corne qui continue » de saillir de la longueur de trois à quatre lignes. En continuant de presser, on voit la

» base sur laquelle reposent ces deux tentacules qui, observés à la loupe, sont gris,
» ponctués de rouge, ce qui leur donne leur couleur. Leur extrémité m'a paru percée
» d'une ouverture triangulaire. La sortie de ces deux corps est toujours accompagnée d'une
» forte odeur désagréable et particulière. »

Limenitis Dumetorum, Bdv. (pl. IV, fig. II, *c*, *d*).

La *chenille* de la *Limenitis Dumetorum* vit sur les *Acalyphées*, originairement sur la *Tragia
Reticulata*, Poiret, et actuellement aussi sur les *Acalypha Marginata*, *Tricolor* et *Bicolor*,
plantes introduites de l'île Maurice à l'île Bourbon.

Elle est fauve marron, arquée, longue de **22** millimètres. Elle offre six aspérités saillantes
et membraneuses, rangées latéralement; les intermédiaires étant plus longues et dressées
en avant comme des cornes, les deux postérieures dirigées en arrière. Sur les côtés, inférieurement, sont trois festons bordés de blanc, les dents du feston sont surmontées de
deux traits blancs et obliques. La dernière dent se relève postérieurement en draperie qui
se rétrécit vers l'extrémité caudale, laquelle est terminée par quatre pointes fines. Le dessous
est d'un brun rosé; sur le côté, le dernier article ou anneau offre une marque sinueuse,
claire, brillante, en forme d'arabesque. Une ligne dorsale plus claire, médiane, prend du
protothorax et finit bien en avant de l'extrémité caudale.

La *chrysalide* très riche est angulaire, courte, étalée sur les faces latérales, large et très
évasée aux extrémités alaires; d'un rose doré tirant sur le jaune ou d'un blond laiteux,
opalin. Toutes les aspérités du dos sont terminées en pointes d'or aux reflets vert d'eau.
Les lignes saillantes de l'abdomen sont revêtues d'un liséré d'or. Les anneaux de l'abdomen ont un éclat doré.

La *Limenitis Dumetorum* fréquente les jardins, surtout lorsqu'on y cultive les plantes qui
plaisent à sa chenille. Elle aime aussi la lisière des bois où pousse la *Tragia Reticulata*.
Le Papillon s'élève peu, ne se hasarde pas au sommet des grands arbres, et a un vol léger,
presque intermittent et se déplaçant par saccades. Parfois on le voit planer au-dessus des
arbustes dans un milieu ombragé, mais traversé par les rayons du soleil.

L'éclosion a lieu en novembre, décembre et janvier. Depuis que le docteur Vinson
a introduit à la Réunion les *Acalypha* comme plantes d'ornements des jardins, on a constaté
que le nombre des *Limenitis Dumetorum* est devenu bien plus grand dans l'île.

Atella Phalanta, Fab. (pl. IV, fig. III, *e, f*).

La *chenille* de cette *Argynne* vit des feuilles de la plante appelée *Flacourtia Ramontchi*, arbre à fruit de Madagascar, de la famille des Bixinées et que le botaniste L'Héritier a nommée en l'honneur d'Étienne de Flacourt, premier historien de l'île de Madagascar, qui dédia son ouvrage à Messire Nicolas Fouquet, ministre d'État et surintendant des finances.

Cette chenille est courte, trapue, ramassée, couverte d'épines rameuses disposées comme celles de la *Vanessa Borbonica* et de la *Salamis Radama.*

Le corps est d'un noir luisant avec des bandes longitudinales jaunâtres; la raie dorsale jaune est divisée par une ligne médiane noire; les épines rameuses noires à leur origine sont encadrées d'un cercle jaune à la base. On voit une raie blanche et festonnée sur les côtés. Le dessous de l'abdomen et les pattes postérieures sont rougeâtres. Les pattes antérieures sont noires. La tête est orangée et les mâchoires sont noires, cerclées de jaune extérieurement. On remarque sur le devant de la face un triangle d'un blanc pur à sommet dirigé en haut comme un λ renversé.

Dans le jeune âge, la chenille de l'*Atella Phalanta* est presque entièrement brune, avec des épines rameuses noires très rapprochées. Elle offre une particularité à noter, c'est qu'elle s'attache toujours à un fil au bout duquel elle se laisse couler et par lequel elle remonte vers la branche ou la feuille à la façon de certaines araignées.

L'éducation de cette chenille est très difficile en captivité; il lui faut les sommités tendres et rosées de la *Flacourtia Ramontchi;* mais elle se nourrit mal, est délicate, errante, toujours agitée.

La chenille devient vert glauque au moment de sa métamorphose prochaine; avant de prendre cette suprême couleur, elle passe au jaune clair; mais sa vraie couleur est noire et jaune, et le jaune est à peu près semblable à la teinte du Papillon lui-même.

A Madagascar comme à la Réunion M. Vinson n'a trouvé la larve de l'*Atella Phalanta* que sur la *Flacourtia Ramontchi*, arbre épineux fort gracieux et dont on vend les fruits, dits prunes de Madagascar, sur tous les marchés de la Réunion.

La *chrysalide* est très élégante, d'un beau vert clair et transparent; elle s'attache par la pointe anale sous la feuille, à la nervure médiane, où elle se trouve retenue au moyen d'un fil imperceptible par le milieu du corps. Au point d'attache il y a trois ou quatre petits traits

4

noirs visibles dans la soie dont la chenille s'est servie. Les pointes dorsales sont très saillantes; noires à la base et à leur extrémité, argentées dans leur milieu et richement teintées de pourpre en dedans près du noir. Les six pointes abdominales sont les plus prononcées et les plus fortes. Deux taches métalliques argentées ou irisées règnent le long de la saillie anguleuse des ailes; la plus étendue est limitée près du dos par un petit trait noir qui se recourbe. La plus petite, la dernière, s'étale sur l'œil lui-même près des pointes de la tête.

Le vol du Papillon est léger, point rapide, peu fuyant et comme hésitant. On le voit fréquenter avec assiduité les sommités tendres, couleur de rose ou de carmin de l'arbuste qui nourrit sa chenille. Il est très difficile de l'avoir très pur et la plupart du temps on le voit déchiré ou fané; cela tient sans doute à la délicatesse même du tissu de ses ailes. Si on considère que les Papillons de la *Vanessa Radama* et l'*Atella Phalanta* ont à peu près la même largeur d'ailes, tandis que la chrysalide de *Phalanta* pèse beaucoup moins et a une dimension presque moitié plus petite que *Radama*, on trouve l'explication de cette finesse de tissu des ailes de *Phalanta*.

Vanessa Radama, Bdv. (pl. IV, fig. I, *a, b*).

La *chenille* a le corps d'un noir foncé, couvert d'épines rameuses. Une bande dorsale d'un blanc jaunâtre s'étend de la tête à l'extrémité anale. Cette bande longitudinale qui commence à la tête et va s'effaçant graduellement aux derniers anneaux est divisée au milieu du dos par une ligne noire très nette sur laquelle est implantée la rangée des épines dorsales; sur les côtés, sont trois rangées d'épines rameuses entièrement noires. Entre la deuxième rangée d'épines latérales et la troisième qui borde l'abdomen, règne une bande brune plus claire limitée inférieurement par une ligne blanchâtre, sur laquelle est inséré le dernier rang d'épines.

Le col est de couleur orangée; cette couleur n'est cependant apparente que lorsque la chenille allonge la tête; celle-ci présente de chaque côté à son extrémité un faisceau de poils noirs dont le plus long est terminé en blanc. Le dessous du corps et les pattes sont d'un brun rougeâtre.

Vue à la loupe, la surface luisante et noire de cette chenille est pointillée très finement de blanc.

La chenille de la *Vanessa Radama* offre, sous un moindre volume, une conformation presque identique avec celle de la *Vanessa Borbonica*, Obtr. (*Hippomene*, Bdv., *non* Hübner). Seulement les épines rameuses qui ont les mêmes dispositions sont d'une seule couleur noire chez *V. Radama*.

Mais si les chenilles des deux *Vanessa* ont tant de ressemblance entre elles, au contraire les chrysalides diffèrent énormément.

La *chrysalide* de la *V. Radama* est courte, ronde, épaisse, cylindrique, suspendue comme une bulle grisâtre; elle s'attache au-dessous d'une feuille ou d'un rameau par un bec brun et un petit amas de soie blanche.

La couleur brun grisâtre de la chrysalide est relevée par des taches noires et des marbrures cendrées. Le fond paraît quelquefois d'un gris rosé. Les anneaux vers l'extrémité anale sont en cercles très rapprochés, avec plusieurs rangées de petites épines symétriquement disposées. Sur le dos et latéralement, ces épines ne sont indiquées que par de petits points d'un rose carné clair, près de la ceinture et sur la face dorsale. Toute la partie dorsale de la chrysalide est beaucoup plus foncée que la partie ventrale qui est d'un rose plus clair. Sur les côtés, l'empreinte des ailes est marquée par des bandes obliques et transversales rosées, et quatre taches noires très accentuées. Les yeux et la partie antérieure et intermédiaire qui les unit sont d'une couleur rose clair.

La *Vanessa Radama* n'est pas originaire de l'île Bourbon, mais bien de Madagascar. Elle s'est propagée de la grande île à Bourbon avec rapidité pendant ces dernières années, et y est devenue très commune.

La chenille a été trouvée sur la *Justicia Ventricosa*, Hook, et sur les *Barleria Hirsuta*, D. C., et *Multiflora*, D. C., plantes d'ornement de la famille des Acanthacées, où elle vit en grand nombre.

Vanessa Borbonica, Obtr. (*Hippomene*, Bdv., *non* Hübner) (pl. **IV**, fig. **IV**, *g, h, i, j*).

La *chenille* est forte, d'une belle couleur lie de vin, tirant sur l'amarante ou le pourpre foncé, du plus bel éclat avec des reflets violacés, satinés; hérissée d'épines rameuses, longues, d'un beau jaune d'or, implantées dans une base rouge orangé très vif, terminées par des pointes noires.

La longueur est de 4 centimètres. Le corps est formé par douze anneaux séparés chacun par un sillon; atténué dans le premier et dans les deux derniers, mais renflé régulièrement dans les neuf anneaux intermédiaires. Le premier anneau porte quelques poils noirs, mais est complètement dépourvu d'épines rameuses; le deuxième et le troisième n'ont point d'épines dorsales. Le dernier anneau n'a que deux épines dirigées sur les côtés, en arrière. Les autres anneaux intermédiaires offrent sept rangées d'épines rameuses, une dorsale et trois latérales. Chaque arbre épineux présente trois nuances successives : allumé de rouge vif dans sa base d'insertion, le tronc, comme les premiers anneaux, est d'un beau jaune d'or et les dernières pointes d'un noir luisant.

Ainsi la rangée longitudinale du milieu, la dorsale, compte huit épines; les deux rangées latérales dix, la rangée inférieure onze. Entre cette rangée et la deuxième latérale, sont disposées sept trachées remarquables chez certains sujets par un point noir central cerclé de jaune rougeâtre et compris lui-même entre deux lignes de chevrons d'un blanc jaunâtre.

Le dessous de la chenille est d'un brun rougeâtre ou d'un rouge vineux comme le reste du corps. Les pattes membraneuses sont de la même couleur, plus claires en dedans; les pattes écailleuses sont noires; la tête est un peu cordiforme, hérissée de poils fins, nombreux et grisâtres. Sur les côtés du col, on voit deux traits et quelques points blanchâtres.

La chenille de la *Vanessa Borbonica* vit sur une urticée à grandes feuilles la *Bœhmeria Urticæfolia*, Spreng., dans les montagnes de l'île Bourbon, notamment à Salazie. Elle est commune dans les forêts du centre de l'île.

Parvenue à son terme, elle s'attache soit au pétiole, sous la feuille elle-même, ou à quelque branchette de la plante qui la nourrit. La tête renversée en bas, elle se courbe légèrement en dedans. C'est dans cette attitude qu'elle subit sa transformation.

La *chrysalide* est anguleuse, mobile, suspendue par la queue et fixée à l'aide d'un petit amas de soie couleur de rouille. Pointue vers l'extrémité caudale qui offre l'aspect d'un petit bec évidé en dessous, elle se renfle graduellement en cône dans la série des anneaux qui forment la partie postérieure de l'abdomen et qui sont munis d'épines variées, d'une rangée dorsale moins prononcée et de deux rangées latérales plus marquées. Les parties latérales de ce petit cône et les épines qui le recouvrent sont empreintes d'or brillant du plus bel éclat. Cette chrysalide, dont la couleur générale est d'un brun marron vif ou celle d'une feuille à demi desséchée avec une teinte d'ombre, rehaussée de reflets d'or, se gonfle vers la partie sternale et s'élargit sur les faces latérales pour former l'étui des ailes dont les nervures principales sont très bien accusées par des lignes foncées.

En arrière, sur la première ligne dorso-latérale, apparaissent deux épines larges à leur base, recourbées en arrière et pointues, ayant la forme d'ailerons.

La dépression rénale est chargée de grosses épines courtes, coniques, tronquées, à faces larges, empreintes d'argent poli ayant l'éclat du diamant et cerclées d'une teinte jaune d'or à leur base.

La partie dorsale qui suit la ceinture est bombée, surmontée au milieu par une crête proéminente, tranchante, échancrée sur les côtés et très évasée supérieurement dans le sens longitudinal, mais très comprimée sur les faces latérales et amincie comme une lame.

La tête bifide, largement échancrée en avant, présente deux pointes terminales très aiguës qui s'écartent légèrement et portent chacune une petite ramification sur le côté externe.

De belles teintes métalliques d'or vif sont répandues sur les diverses parties de cette chrysalide qui, sous ce rapport, peut être rangée parmi les plus ornées.

On peut donc dire, pour résumer ce qui concerne la chrysalide de la *Vanessa Borbonica*, qu'avec sa forme anguleuse, accidentée, chargée d'épines variées, d'une crête dorsale aplatie et d'ailerons latéraux, avec sa couleur jaune clair tirant sur l'ambre ou brune, ses beaux reflets d'or vif et les taches diamantées semées sur sa ceinture, cette chrysalide est au rang des plus riches qu'on puisse rencontrer. Déjà la chenille, avec ses anneaux anguleux, d'un pourpre vineux parsemé comme autant d'étoiles d'épines rameuses et jaunes terminées par des pointes d'ébène, semble faire pressentir cette splendide métamorphose.

Le Papillon aime à se poser sur les fruits très mûrs. On le voit quelquefois en grand nombre, par un beau soleil, voler avec vivacité autour des pêches décomposées par la maturité, jonchant le sol au-dessous des arbres, se reposer sur ces fruits et se délecter de leur suc. Lorsque les *V. Borbonica* sont ainsi posées, tantôt elles se tiennent dans une immobilité complète, tantôt elles impriment à leurs ailes un balancement gracieux.

Boisduval et Guenée ne connaissant ni l'un ni l'autre la *Vanessa Hippomene* figurée par Hübner, ont pensé que la *Vanessa* de l'île Bourbon était l'espèce de cet auteur et ont accusé la figure de manquer d'exactitude. Boisduval et Guenée ont eu tort également. La figure de l'iconographe Hübner est parfaite; mais elle se rapporte à une *Vanessa* de la côte orientale d'Afrique, et nullement à celle de l'île Bourbon. J'ai distingué celle-ci sous le nom de *Borbonica*, dans une étude que j'ai écrite sur les Papillons récoltés par le marquis Antinori, au pays de Choa.

Aganais Borbonica, Bdv. (pl. IV, fig. VII, *n, o*).

La *chenille* est longue de 4 centimètres ; elle est d'un beau noir velouté granulé de points jaune rouille tirant au rouge vermillon d'un vif éclat. Le corps est revêtu de poils d'un blond clair, simples et non rameux, longs, fins, soyeux, groupés sur les anneaux disposés plus régulièrement sur les premiers, implantés sur la base rouge des granulations. Elle n'est ni arpenteuse, ni demi-arpenteuse.

La stigmatale offre deux échancrures blanches ou d'un blanc jaunâtre, creusées en forme d'arc dans la partie latérale, et placées, l'antérieure dans l'intervalle qui sépare les pattes écailleuses des pattes membraneuses, et la postérieure entre les quatre pattes membraneuses ventrales et la dernière paire caudale.

Le dessous du ventre est d'un brun rosé ; la tête est rouge. En arrière du cou commencent les rangées successives des granulations rouges surmontées de poils blonds, rangés régulièrement.

La jeune chenille est noire avec une bande dorsale large jaune, qui disparaît après la seconde mue ou la troisième.

Parvenue à son entier développement, la chenille de l'*Aganais Borbonica* recherche les fentes de l'écorce de l'arbre ou l'intervalle des racines adventives, y établit une coque ou une demi-coque, bien cimentée des débris de feuilles qu'elle lie avec ses fils. Elle s'y change en une chrysalide forte, d'environ 2 centimètres de long, brune ou marron foncé, luisante.

Quand on élève la chenille de l'*Aganais Borbonica* en captivité, sous un verre par exemple, elle forme avec ses excréments et les débris de sa nourriture une demi-coque en forme de médaillon.

Cette chenille est extrêmement vorace ; cette voracité semble être en rapport direct avec la profusion des feuilles qu'émet le *Ficus Benjamina*, L., arbre de la famille des Morées et qui est extraordinairement touffu.

III

LÉPIDOPTÈRES D'EUROPE

ET D'ALGÉRIE

Nous avons décrit au cours de la VIIIe livraison de nos *Études d'Entomologie* quelques Lépidoptères d'Europe dont la figure n'avait point encore paru. De même nous avons fait imprimer dans le *Bulletin des Annales de la Société entomologique de France* la description de plusieurs espèces de Papillons algériens. Nous publions dans le présent travail les figures de ces Lépidoptères et en même temps celles de quelques autres également d'Algérie, qui ont seulement été décrits par M. Guenée dans le *Species général* et par divers auteurs dans des journaux entomologiques.

Enfin nous faisons connaître pour la première fois certaines espèces que MM. Merkl, Bleuse et Lahaye ont découvertes en Algérie pendant les voyages qu'ils y ont effectués pour nous dans les années 1884, 1885 et 1886.

Papilio Machaon, Lin., larva, var. **Hospitonides,** Oberthür (pl. V, fig. 19).

La variété *Hospitonides* concerne seulement certaines chenilles du *Papilio Machaon*, trouvées à Biskra par M. Bleuse, en mai 1885. Ces chenilles diffèrent surtout des chenilles ordinaires de *Machaon* par leurs lignes dorsales verdâtres et noirâtres qui sont longitudinales, au lieu d'être transversales, c'est-à-dire qu'elles descendent de la tête à l'extrémité anale, au lieu de suivre le sens des anneaux.

Elles se rapprochent ainsi des chenilles de *Papilio Hospiton;* mais elles sont moins obscures. Le Papillon produit par cette race spéciale de chenilles ne présente rien de particulier.

Cependant il convient d'observer que le *Papilio Machaon* varie à Biskra pour l'abdomen qui est tantôt presque entièrement jaune et sans pilosité, tantôt au contraire assez velu et presque complètement noir. Un des ♂, pris à Biskra par M. Bleuse en mai 1885, a l'abdomen tout noir, sauf une seule ligne jaunâtre médiane en dessous et un petit trait seulement latéral de poils jaunes très courts entre chaque anneau abdominal; c'est le seul *Machaon* que nous ayons vu ainsi, et il est juste à l'opposé d'un autre ♂ de Biskra (*Sphyrus*) dont l'abdomen est tout jaune, dépourvu de poils, avec une seule raie noire courte, triangulaire sur le dessus. Celui-ci est l'exagération de la variété *Centralis*, Stgr. (*in litteris*), de l'Asie centrale.

Pieris Daplidice, Lin., var. **Albidice,** Oberthür (pl. V, fig. 12).

Nous avons décrit cette variété dans la VIᵉ livraison des *Études d'Entomologie*, page 47. Nous en possédons six ♂ pris à l'Escorial, dans la province d'Oran, à Lambèse et à Biskra. Cette variété se rapproche un peu de la *Pieris Glauconome* Klug, dont M. Roland Trimen a capturé à Constantine un ♂ ne différant pas du type d'Arabie.

M. Merkl a pris à Biskra en mai 1884 un exemplaire ♂ de *Daplidice* entièrement d'un jaune canari. Cette aberration, qui se reproduit plus ou moins rarement pour presque toutes les espèces de *Piérides* blanches, a été appelée par nous *Sulphurea* (*Bulletin de la Société entomologique de France*, 1884, page LXXXV).

M. Merkl et M. Bleuse ont pris chacun un exemplaire ♀ (Biskra, mai 1884, et Timgad, près Lambèse, juin 1885) d'une variété de *Daplidice* dont les quatre ailes sont uniformément lavées de jaune soufre. Nous désignons cette aberration constante sous le nom de *Flavescens.*

Anthocharis Pechi, Stgr. (pl. V, fig. 11).

M. Staudinger a décrit sous le nom de *Pechi*, en l'honneur du chasseur hongrois Pech, dans les *Entom. Nachrichten*, 1885, et M. Baker a décrit sous le même nom dans l'*Ento-*

mologist's monthly Magazine (n° 251, avril 1885) l'*Anthocharis* que M. Merkl a capturé à Lambèse, en même temps que M. Pech le capturait lui-même et que nous croyons être la forme algérienne de *Tagis*. C'est comme de *Tagis* « non encore signalé en Algérie » que pour la première fois nous avons mentionné cet *Anthocharis* (*Bulletin de la Société entomologique de France*, 1884, séance du 25 juin, page LXXXV). L'*Anthocharis Pechi* vole en avril, et il est plus rare que ses congénères *Belemia* et *Belia*.

Anthocharis Falloui, ALLARD.

M. le lieutenant Lahaye a pris à Aïn-Sefra (Sud-Oranais) cet *Anthocharis* qui a d'abord été rencontré dans le Sud-Est algérien. Il est maintenant constaté que c'est une espèce habitant toute la région désertique algérienne.

Syrichthus Mohammed, OBERTHÜR (pl. V, fig. 23 *a*, ♂; 23 *b*, ♀).

Ce bel et grand *Syrichthus* est décrit avec détails dans le *Bulletin des Annales de la Société entomologique de France*, 1887, page XLVIII.

Zygæna hilaris, OCHS. (pl. VII, fig. 48 *a*, 48 *b*, 48 *c*), et var. Escorialensis, OBERTHÜR (pl. VII, fig. 48).

Nous avons décrit la variété *Escorialensis* dans nos *Études d'Entomologie*, VIIIe livraison, page 33.

La *Z. Hilaris* que nous avons pu étudier sur de très nombreux individus pris par nous en Espagne ou élevés de la chenille dans les Pyrénées-Orientales, à Vernet-les-Bains, offre à l'Escorial une forme assez spéciale et que nous avons caractérisée par ses ailes plus transparentes et la confluence envahissante des parties rouges qui sont d'un ton plus rosé et moins vermillon que celle de la France méridionale. Le type ordinaire des Pyrénées-Orientales est toujours d'un rouge beaucoup plus vif, et quoique certains exemplaires aberrants des environs du Vernet aient les taches rouges très confluentes et occupant presque entièrement les ailes supérieures, la forme normale y varie depuis *Ononidis* Millière (sans cercle jaunâtre autour des taches rouges qui sont punctiformes et carmin vif) jusqu'à *Hilaris*, type représenté dans ses différents passages sous les numéros 48 *a* (celui-ci assez voisin d'*Ononidis*), 48 *b* et 48 *c* de notre planche VII.

De Grenade, nous possédons une forme de *Z. Hilaris* assez intermédiaire entre *Escorialensis* et *Hilaris* type; et MM. R. Oberthür et Bleuse ont rencontré en juillet 1879 dans la Sierra-Nevada, côté de Lanjaron, une autre forme de *Zyg. Hilaris*, très voisine de *Felix*, et qui est sans doute identique à la forme dont parle M. Staudinger (*Berliner entom. Zeitschrift*, vol. XXXI, 1887, cahier I, page 38) dans les termes suivants : « Ich habe aber in den Gebirgen bei Granada Stücke von *Hilaris* gefangen, die kaum von *Felix* Oberthür zu unterscheiden sind. »

Zygæna Fausta, Lin., var. **Junceæ** (Mill.) Oberthür (pl. VII, fig. 49, 49 *a*).

Nous avons caractérisé cette variété méridionale avec quelques détails dans la VIIIe livraison de nos *Études d'Entomologie*, page 32. Le Papillon varie pour le rétrécissement ou l'agrandissement aux ailes supérieures des taches rouges qui sont en outre plus ou moins cerclées de jaunâtre. L'individu représenté sur la planche VII, n° 49 *a*, est un de ceux que nous possédons ayant le cercle jaunâtre moins caractérisé. Le plus ordinairement, dans la variété *Junceæ*, les taches rouges des ailes supérieures sont entourées d'un mince filet jaunâtre assez vif. Aux *Zygæna* pyrénéennes dont nous avons fait l'énumération dans la VIIIe livraison des *Études d'Entomologie*, il convient d'ajouter *Rhadamanthus*, Esper, que nous avons trouvée en mai 1885, entre Prades et Villefranche-de-Conflent.

Quant aux *Zygæna* algériennes, les espèces que nous connaissons actuellement sont les suivantes :

Zygæna Zuleima, Pierret (**Ludicra**, Lucas).

Elle varie peu; nous la possédons d'Alger et Lambèse.

Zygæna Loyselis, Oberthür.

Belle espèce, toujours aisément reconnaissable à son collier et à ses épaulettes rouges. Elle habite la province d'Oran et la province de Constantine.

Les exemplaires que nous avons reçus de Géryville sont d'un rouge plus vermillon, plus vif, plus opaque et avec tendance plus marquée à la confluence des taches des ailes supérieures que ceux trouvés à Lambèse. Dans *Loyselis,* la variation porte encore sur l'anneau rouge abdominal qui peut disparaitre presque complètement ou devenir très accentué.

Zygæna Favonia, Freyer (Cedri, Bruand).

Freyer, confondant les localités parcourues par le voyageur Wagner, a indiqué à tort la Turquie comme patrie de sa *Z. Favonia.* Si un auteur français commettait une erreur analogue, les naturalistes allemands ne manqueraient sans doute pas de les accuser une fois de plus de ne rien entendre à la géographie. C'est en effet de l'autre côté du Rhin une chose admise comme désormais indiscutable que d'une part chaque Allemand est en géographie et en mainte autre science une merveille incomparable, tandis que par contre les Français sont une nation d'ignorants. M. Staudinger parle dans ces termes (*Horæ Rossicæ,* tome VII, 1870, Beitrag zur Lepidopterenfauna Griechenlands) à propos de l'*Anthocharis Damone* : « Wenn die französischen Autoren dies Thier, als aus Sicilien stammend, anführen, so ist dies sicher einer ihrer vielen Irrthümer, die mit ihren meistens äusserst schwachen geographischen Kenntnissen entschuldigt werden müssen. » Mais l'opinion des Allemands n'est pas plus infaillible qu'elle n'est modeste. Le proverbe latin *Errare humanum est* les concerne aussi bien que tous autres, et il serait à désirer que dans les discussions purement scientifiques chacun restât plus élevé au-dessus des rivalités et des jalousies nationales ou personnelles. Laissons donc l'erreur de Freyer pour ce qu'elle est, nous bornant à la constater dans l'intérêt seul de la vérité scientifique, et passons à l'étude des variations de la *Zygæna Favonia.*

Ces variations portent surtout sur les taches rouges des ailes supérieures qui sont ou bien très réduites (*Favonia* type) ou bien dilatées et confluentes (var. *Thevestis,* Stgr.). Les ailes peuvent être transparentes (var. *Vitrina,* Stgr.) ou assez opaques ; le rouge peut être carminé ou vermillon et le fond des ailes supérieures gris bleuâtre ou verdâtre. L'anneau abdominal rouge existe dans tous les exemplaires que j'ai vus; mais le rouge peut recouvrir un seul anneau (var. *Staudingeri,* Austaut), ou deux anneaux, et même s'étendre sur le troisième et dernier anneau.

La var. *Thevestis* est la forme ♂ et ♀ à Géryville, mais elle paraît n'être qu'une variété ♀ à Lambèse; c'est-à-dire que, jusqu'à ce jour, nous n'avons encore vu que des ♀ de cette forme prises à Lambèse et aucun ♂ venant de cette dernière localité.

La *Z. Favonia* se trouve répandue dans les trois provinces de l'Algérie, en Tunisie et au Maroc.

Zygæna Seriziati, Oberthür.

Elle varie pour les ailes inférieures tantôt rouges plus ou moins largement bordées de bleu acier, tantôt bleu acier avec un tout petit point subapical rouge. Elle paraît habiter exclusivement le littoral méditerranéen.

Zygæna Syracusia, Z. (Australis, Led.).

Cette *Zygœna* ne varie guère que pour la taille, le ton du vert qui fait le fond des ailes supérieures et la bordure des inférieures, et aussi, mais d'une manière généralement peu sensible, pour la largeur de cette bordure.

Elle est commune dans la région de Lambèse et Géryville.

Zygæna Felix, Oberthür.

Espèce quelquefois ambiguë; est peut-être la forme algérienne d'*Hilaris?* Se lie à *Zygœna Algira* par des transitions qui rendent difficile la séparation dans certains cas. Les exemplaires bien caractérisés ont le double collier blanc, les épaulettes blanc jaunâtre, les taches rouges des ailes supérieures cerclées de blanc jaunâtre. Tantôt l'abdomen est noir, tantôt annelé de rouge (var. *Mauretanica*, Stgr.). La taille est très différente suivant les individus; le ton du rouge des ailes est tantôt carminé, tantôt vermillon vif ou pâle, tantôt jaune orangé; mais ceci par aberration et très rarement. Les taches rouges des supérieures sont lisérées plus ou moins largement de blanc jaunâtre et le bord inférieur des ailes supérieures, depuis la tache rouge basilaire, est envahi par un semis d'atomes jaunâtres et même rouges, ou ne l'est pas. La forme dans laquelle les taches rouges des supérieures sont bordées de blanc jaunâtre est la *Faustula*, Stgr.

Nous avons reçu *Felix* et ses variétés de Magenta, Sebdou et Lambèse.

Zygæna Algira, Dup.

Algira n'a jamais de collier d'aucune couleur, ni d'anneau abdominal rouge. Elle varie surtout pour la dilatation des taches rouges des ailes supérieures qui sont quelquefois confluentes (ab. *Concolor*, Obtr.), pour la forme desdites taches qui sont en outre plus ou moins lisérées de blanchâtre et pour la couleur du rouge le plus souvent carminé très vif, quelquefois rosé ou vermillon plus pâle.

Alger, Lambèse, Sebdou.

Zygæna Marcuna, Stgr. (*in litteris*).

Marcuna n'a pas de collier, ni d'anneau abdominal. Elle est d'un rouge pas très opaque, moins vermillon, plus carminé qu'*Algira*. Elle diffère essentiellement d'*Algira*, dont elle a cependant la taille, le faciès et la disposition des taches aux ailes supérieures, parce que la tache basilaire rouge ne descend pas jusqu'au bord inférieur, mais s'arrête net, de façon qu'il reste sous cette tache rouge un espace basilaire bleu, ainsi que cela se remarque dans *Orana*.

Marcouna, près Lambèse (Stgr., 1887).

Zygæna Orana, Dup.

Le type *Orana*, des environs immédiats d'Oran, est très petit, sans anneau abdominal rouge, d'une teinte générale sombre à cause du rouge qui est carminé vineux. La variété *Allardi*, Obtr., de Lambèse, a l'anneau abdominal rouge; elle est plus grande; les taches rouges des ailes supérieures sont plus largement cerclées de blanc que dans *Orana* type, et toutes les parties rouges sont d'un vermillon plus pâle et moins carminé. La variété *Barbara*, H.-S., n'a pas d'anneau abdominal rouge, mais la couleur générale rouge est vermillon. Probablement *Nedroma*, Austaut, est synonyme de *Barbara*; *Nedroma* n'a pas d'anneau abdominal, les taches rouges des supérieures sont largement cerclées de blanc; mais le ton du rouge paraît moins vermillon et plus carminé que dans *Barbara*. A Géryville, le type est *Nedroma*, grand et avec la couleur rouge d'un carminé vif.

Thyris Nevadæ, Oberthür (pl. VII, fig. 46).

Nous avons décrit cette nouvelle espèce découverte par MM. René Oberthür et Bleuse aux environs de Huejar (Sierra-Nevada), en juin 1879, dans la VIIIe livraison des *Études d'Entomologie*, page 33. Elle se place très près de *Thyris Usitata*, Butler, du Japon.

Sesia Pechi, Staudinger (pl. VII, fig. 52, 52 *a*).

M. Staudinger a décrit cette *Sesia* dans un travail publié sous le titre de : *Einige neue Arten und Varietäten der Gattungen Sesia und Zygœna (Berliner ent. Zeits.*, **XXXI**, 1887, page 30). Nous en possédons six exemplaires, dont quatre ont été pris à Lambèse par M. Bleuse en juin 1885 et deux nous ont été cédés par M. Staudinger.

Notre collection contient quatorze espèces de *Sesia* algériennes, parmi lesquelles plusieurs restent nouvelles, notamment une très belle découverte à Aïn-Sefra, en avril 1886, par M. Lahaye et retrouvée par M. Staudinger à Biskra en 1887. Cette *Sesia* est de la taille de *Chrysidiformis;* elle a le bord costal des supérieures noir et le bord interne et terminal des mêmes ailes rouge. Le bord costal noir est lié au bord interne rouge par une grosse tache cellulaire noire. Les ailes inférieures ont elles-mêmes une tache noire cellulaire assez grosse. Le bord anal, comme du reste le bord terminal des quatre ailes, sont largement frangés de noir. Les antennes sont noires; le corps est noir avec les épaulettes rouges; le pinceau caudal est rouge, les trois derniers anneaux abdominaux sont rouges, surmontés chacun de noir; les pattes sont noires, sauf le milieu du second article qui est rouge. Parmi les autres *Sesia* nouvelles se trouve une très belle espèce voisine d'*Osmiæformis,* mais plus grande, avec les antennes brun jaunâtre, un cercle blanc jaunâtre sur le troisième avant-dernier anneau abdominal et une large tache latérale blanc jaunâtre à la naissance de l'abdomen (Sebdou, en mai, docteur Codet).

Nous croyons posséder très exactement la *Ceriæformis,* de Lucas; mais nous ne savons pas, en présence des descriptions et des figures publiées par cet auteur, si nous avons bien positivement sa véritable *Sirpiformis* et son *Euglossæformis.*

Nous nous efforcerons de faire paraître prochainement des figures de *Sesia* algériennes ressemblant aussi parfaitement que possible aux originaux. Ce sera le seul moyen de les faire connaître avec précision. Nous nous sommes abstenu de donner un nom à la *Sesia* découverte à Aïn-Sefra et ci-dessus décrite, aussi bien qu'à celle de Sebdou, voisine d'*Osmiæformis*, jusqu'à ce que les figures en aient paru dans la XIII° livraison des *Études d'Entomologie*. Du reste, M. Staudinger nous a manifesté le désir de décrire la *Sesia* que nous possédons d'Aïn-Sefra et qu'il a retrouvée à Biskra. Nous nous bornerons à faire pour cette *Sesia* ce que nous avons fait pour *Pechi*, c'est-à-dire à compléter la description qu'il en pourra donner par une figure sans laquelle ladite description nous paraîtrait rester absolument inutile.

Bombyx Staudingeri, BAKER (pl. V, ♂, fig. 16).

La chenille de ce *Bombyx* est très jolie; elle ressemble à celle de *Serrula*. J'en dois la connaissance à M. Staudinger qui l'a élevée à Lambèse et m'en a cédé un échantillon soufflé. Avant lui, M. Bleuse l'avait élevée dans la même localité, mais n'avait pas conservé la chenille. Nous en publierons la figure dans la XIII° livraison des *Études d'Entomologie*. Elle diffère de la chenille de *Serrula* par la tache céphalique qui n'est pas en forme de V comme chez *Serrula*, mais composée d'un petit triangle divisé par une bissectrice noire et inscrit dans une tache divisée elle-même par le prolongement de la bissectrice et dont le contour extérieur est fait de chaque côté par deux arcs concaves joints ensemble; cette tache entièrement jaunâtre, limitée par du noir vif sur un fond gris bleuâtre, porte en outre, au-dessus du triangle inscrit et de chaque côté de la bissectrice, deux petits points noirs. Le premier anneau collaire est lisse, brun avec des traits noirâtres et vineux; l'anneau auquel est attachée la première paire de pattes a une tache dorsale d'abord vineuse, pupillée de noirâtre, traversée par un trait dorsal noir; cette tache se rétrécit au premier pli annulaire et présente alors dans son ensemble la forme d'une grenade. Le trait dorsal noir, est, dans la partie rétrécie de la tache, liséré latéralement de blanchâtre et entouré de noir. La ligne dorsale est ensuite accusée par une série de poils blonds, érigés en pyramide, limités par des points noirs extérieurement éclairés d'une bande de fauve orangé, d'où part une série latérale de poils blonds avec reflet blanchâtre dirigés vers la droite ou la gauche. Le reste est gris, avec des traits obliques plus pâles et une pilosité grise courte. L'incision des anneaux est bleuâtre, avec le centre blanchâtre limité par le double filet noir qui descend du cou à l'extrémité anale. Celle-ci est noire. Cette chenille vit sur l'*Artemisia Absynthium*.

Je ne connais pas la chrysalide, bien qu'un ♂ soit éclos à Rennes d'une coque rapportée par M. Bleuse. Cette coque n'a malheureusement pas été conservée. Le ♂ est unicolore. Les quatre ailes et le corps sont d'un blond soyeux, sans taches. Les antennes ont la pectination fauve. La ♀ est aptère; elle est elle-même unicolore, d'un brun un peu vineux. Les ailes sont représentées par des cuillerons très courts. Le *Bombyx Staudingeri*, malgré cette ♀ aptère, se place près de *Serrula* et *Trifolii*, avec lesquels il a, par sa chenille et son ♂ les rapports les plus intimes.

La question d'aptérisme pour les ♀ est une particularité spécifique qui peut bien n'être pas absolument constante du reste et qui ne justifie pas, à notre avis, la création d'un genre nouveau.

Mamestra Immunda, Ev., var. Roseonitens, OBERTHÜR (pl. V, fig. 20).

Nous avons décrit cette belle *Mamestra* dans le *Bulletin de la Société entomologique de France*, 1887, page XLIX. Elle diffère d'*Immunda* par sa coloration d'un rose carné brillant, conformément du reste à la loi de variation des Noctuelles à Biskra. Les Noctuelles ordinairement grises passent au rose dans cette localité et nous en possédons d'assez nombreux exemples; mais la *Mamestra Immunda*, var. *Roseonitens*, est l'exemple le plus caractérisé·de cette variété que nous ayons encore vu.

Pachnobia Variicollis, DELAHAYE (pl. VII, fig. 53, 53 a).

Nous publions la figure de cette espèce que M. Delahaye a décrite dans le *Bulletin des Annales de la Société entomologique de France*, 1886, page LXIII, d'après une vingtaine d'exemplaires capturés par son fils à Alger, la nuit, sur les lanternes du jardin Marengo, en février 1882.

M. Delahaye a placé cette Noctuelle dans le genre *Noctua*, tel que M. Guenée l'a compris dans le *Species général*; mais il est aisé de voir, en lisant la note de M. Delahaye, qu'il a hésité entre les genres *Anchocelis*, *Tæniocampa* et peut-être *Agrotis*.

Pour nous, le genre *Pachnobia* est celui dans lequel doit entrer cette Noctuelle, à côté de la *Leucographa* Hb.

Cleophana Omar, Oberthür (pl. V, fig. 15).

Décrite dans le *Bulletin des Annales de la Société entomologique de France*, 1887, page LVII, d'après un seul exemplaire pris à Oued-Leben, en Tunisie.

Acontia Biskrensis, Oberthür (pl. V, fig. 17).

Découverte à Biskra par M. Bleuse en mai 1885 et décrite dans le *Bulletin des Annales de la Société entomologique de France*, 1887, page LVIII.

Cimelia Mimicaria, Oberthür (pl. V, fig. 14).

Décrite dans le *Bulletin des Annales de la Société entomologique de France*, 1887, pages LVIII et LIX, d'après un seul ♂ très pur, pris à Sebdou par le docteur Codet, le 8 octobre 1882.

Hypochroma Lahayei, Oberthür (pl. VII, fig. 50).

Nous avons dédié cette Géomètre à M. le lieutenant Lahaye qui l'a découverte à Aïn-Sefra, en avril 1886 (*Bulletin des Annales de la Société entomologique de France*, 1887, page LIX). Elle rappelle la *Pseudoterpna Coronillaria;* mais elle est beaucoup plus robuste; son thorax large est bien celui d'une *Hypochroma;* ses ailes inférieures sont plus allongées que celles des *Pseudoterpna* et la ligne noire festonnée qui les traverse, en continuation des supérieures, du bord costal au bord anal, est bien plus rapprochée du bord terminal que ne l'est cette même bande dans *Coronillaria.* Il en résulte dans *Hypochroma Lahayei* l'absence de toute espèce d'éclaircie blanchâtre entre ce feston transversal noir et le bord terminal, tandis qu'au contraire *Coronillaria* ne manque jamais de cette éclaircie.

En dessous *Hypochroma Lahayei* est d'un blanc soyeux avec les taches noirâtres au bord costal des supérieures, dans l'espace subapical et près du bord terminal des inférieures, comme la *Radamaria,* Guenée, de Madagascar.

Certaines *Hypochroma* rappellent nos *Pseudoterpna.* La *Pseudoterpnaria,* Guenée, de Chine, dont la japonaise *Pryeri,* Butler, n'est qu'un synonyme, rappelle bien plus encore *Coronillaria* que notre *Lahayei.* Celle-ci est la seule espèce du genre qui ait été trouvée

6

jusqu'ici dans la région circaméditerranéenne. Les autres *Hypochroma*, dont notre collection renferme vingt-quatre espèces, viennent de Chine, du Japon, de Bornéo, de l'Inde anglaise, de Madagascar, de Natal, d'Australie, des Philippines, de Java, du Bénin.

A propos de la *Coronillaria* dont nous rappelions ci-dessus le nom, nous signalerons son abondance dans les landes de Bretagne où elle présente parfois de très intéressantes variétés. A la fin de juin et en juillet, la *Pseudoterpna Coronillaria* vole dans les bruyères d'Ille-et-Vilaine, d'où on la fait lever en marchant. Le type le plus ordinaire de Bretagne est grand, bien nettement écrit en noir sur un fond gris clair, avec les ombres brunes ou légèrement bleuâtres; mais nous avons trouvé des exemplaires très obscurs et noircissants, d'autres ayant une teinte générale verdâtre qui les rapproche de *Cytisaria*, espèce que nous trouvons presque exclusivement dans nos champs de genêts; enfin nous avons capturé deux ♂ d'un gris uniformément très sombre sur lequel se détachent seulement le feston noir commun et l'éclaircie blanche subterminale. La *Coronillaria* est très abondante dans certaines localités des Pyrénées-Orientales; mais nous n'y avons jamais vu de variétés comme en Bretagne.

Elle est surtout commune dans les landes de Monterfil; il nous paraît qu'elle serait moins nombreuse à la forêt de Rennes et à Cancale, quoiqu'on puisse en capturer beaucoup d'exemplaires dans ces deux localités.

Acidalia Merklaria, Oberthür (pl. V, fig. 13).

Commune à Lambèsc en mars et avril; trouvée pour la première fois par M. Merkl, en 1884; petite espèce très délicate et variable quant à la coloration plus ou moins brune et quelquefois légèrement rosée. Nous l'avons décrite dans le *Bulletin des Annales de la Société entomologique de France*, 1884, page cxxxiii.

Tephrina Biskraria, Oberthür (pl. V, fig. 18).

Également découverte par M. Merkl, qui l'a prise à Biskra, en mai 1884. Nous ne possédons que la seule femelle décrite par nous dans le *Bulletin des Annales de la Société entomologique de France*, 1884, page cxxxiv.

Stemmatophora Leonalis, Oberthür (pl. VI, fig. 38).

Espèce assez variable quant à la couleur des ailes supérieures qui sont tantôt chamois pâle avec les ombres fauve rougeâtre, tantôt gris olive avec les ombres plus ou moins accentuées. Les ailes inférieures sont aussi plus ou moins envahies par une teinte noirâtre.

Ainsi que nous le faisons connaître dans le *Bulletin de la Société entomologique de France,* 1887, page LXXVI, la *Stemmatophora Leonalis* vole à Biskra où M. Léon Bleuse l'a capturée en mai 1885 et à Mécheria où M. le lieutenant Lahaye l'a trouvée en mars 1886.

Dans le même groupe de *Pyralidœ,* nous possédons en fait d'espèces algériennes *Stemmatophora Corsicalis,* Dup., d'Alger (R. P. Guillemé); *Hypotia Corticalis,* W. V., d'Alger; *Hypotia Speciosalis,* Christ, var.? *(an species distincta?)* de Biskra; *Hypsopygia Egregialis,* H.-S., d'Alger.

Les *Cledeobidœ* algériennes sont, à notre connaissance, les suivantes : *Actenia Honestalis,* Tr.; *Cledeobia Morbidalis,* Guenée; *Interjunctalis,* Guenée; *Pectinalis,* H.-S.; *Subolivalis,* Obtr.; *Bombycalis,* W. V.; *Bleusei,* Obtr.

Actenia Honestalis, Tr., variété d'un brun noirâtre; provient de Sebdou (Docteur
    Codet).

Cledeobia Morbidalis, Guenée, ne paraît pas rare à Magenta, où M. Lahaye l'a prise du 5 au 15 juin 1886. La ♀ diffère du ♂ par ses ailes plus allongées, plus étroites, à dessins paraissant généralement plus obscurs, ses antennes filiformes, son abdomen très long et à oviducte.

Cledeobia Interjunctalis, Guenée; Oberthür (pl. V, ♂, fig. 22).

Espèce commune à Lambèse, où elle vole en juin; nous l'avons aussi d'Oudjda (Maroc).

M. Guenée l'a décrite dans le *Species général,* vol. VIII, page 138; mais il ne l'a pas figurée; tandis que la *Cledeobia Morbidalis* qui est décrite dans le même *Species général,* page 139, a été figurée dans l'*Atlas de l'Exploration de l'Algérie,* par Lucas (pl. IV, fig. 5). Nous avons fait représenter sous le n° 22 de la pl. V de cette livraison des *Études d'Entomologie* un ♂ très frais et très caractérisé. Le *specimen typicum* de Guenée qui est dans notre collection, est plus pâle que celui dont nous avons fait graver la figure. Les écailles de cette *Cledeobia* paraissent très fugaces. La frange, dont Guenée ne parle pas dans sa description, est longue et uniformément blond roux un peu carné.

La ♀ diffère du ♂ par ses antennes filiformes, son abdomen très long et à oviducte, ses ailes plus étroites et plus allongées.

Le ♂ varie pour la couleur plus ou moins blonde, rousse carnée, ou même d'un jaune un peu brunâtre, l'accentuation des lignes et taches.

Cledeobia Pectinalis, H.-S.

Paraît rare en Algérie; varie pour la taille et la teinte du fond des ailes; nous l'avons de Boghari, Aïn-Sefra et de l'Oued-Betaha, en Tunisie.

Cledeobia Luridalis, Fr., var. **Subolivalis,** Oberthür (pl. V, fig. 21).

Nous avons décrit cette *Cledeobia*, comme variété de *Luridalis*, dans le *Bulletin de la Société entomologique de France*, 1887, page lxxvi, d'après un ♂ que M. Austaut a bien voulu nous offrir d'Oudjda (Maroc). N'ayant vu que ce seul individu, il nous est difficile de savoir s'il appartient à une espèce distincte.

Cledeobia Bombycalis, W. V.

D'un grand et beau type; très variable pour l'accentuation des dessins et la couleur plus ou moins rousse, brun noir, brun rougeâtre ou jaunâtre; commune à Bône (Merkl; juin 1884), Aïn-Sefra et Géryville (Lahaye; avril et mai 1886).

Cledeobia Bleusei, Oberthür (pl. VI, fig. 38).

Découverte par M. Bleuse à Biskra, en mai 1885. Elle y paraît commune.

C'est une petite espèce au faciès de *Crambus*, à ailes allongées, assez étroites; les supérieures de couleur chamois, parcourues par des dessins sinueux fauves; les inférieures noirâtres, avec une éclaircie subterminale gris blanchâtre. Le bord terminal des quatre ailes est finement liséré de noir; ce liséré noir est intérieurement bordé d'un mince filet jaunâtre limité lui-même par une ligne interrompue de petits traits noirâtres très fins.

Aux supérieures, on voit une première ligne basilaire, transversale, sinueuse, brune; puis une autre ligne brune, très sinueuse, extérieurement éclairée d'un filet pâle, commençant au bord costal, pas loin de l'apex, d'abord droite, puis saillante en arc, se rencontrant avec une ombre linéaire brune descendant également du bord costal et se fondant avec cette ombre pour descendre au bord interne. L'espace compris entre cette ombre et la ligne sinueuse subterminale est marqué d'un petit point noirâtre qui représente, dans certains exemplaires foncés et bien écrits, l'œil d'une tête dont l'ombre formerait le bec ou le profil.

Les palpes sont saillants et jaunâtres; les antennes ont une pectination courte; l'abdomen et les pattes sont d'une même nuance chamois. Le dessous des ailes est noirâtre avec une éclaircie commune subterminale intérieurement soulignée d'une ombre foncée. La frange des ailes supérieures est jaunâtre, celle des inférieures blanche.

L'exemplaire que nous avons fait figurer est le plus accentué de ceux que nous possédions; il y en a où les dessins sont infiniment plus vagues et moins foncés.

Aporodes Yaminalis, Oberthür (pl. VI, fig. 35).

L'*Aporodes Floralis* est très répandu en Algérie; nous en possédons beaucoup d'exemplaires provenant d'Alger (R. P. Guillemé), Biskra (Bleuse), Mécheria, Sebdou (Lahaye). Il est très variable; certains exemplaires ont les ailes inférieures jaune pâle, d'autres les ont de couleur fauve jusqu'au brun noirâtre. Mais nous n'avons pu rattacher à aucune de ces variétés l'*Aporodes* que M. Bleuse a pris à Biskra en mai 1885.

L'*Aporodes Yaminalis* est de la taille des petits individus de *Floralis*. Les ailes supérieures sont noirâtres, avec le bord terminal liséré de jaunâtre depuis le bord costal à l'angle interne. Sur le fond noirâtre se détachent trois taches noirâtres plus foncées, deux taches et un trait blanchâtres. Les inférieures sont noirâtres avec quelques très petits points d'un jaune paille brillant le long du bord terminal. La frange des inférieures est blanche; celle des supérieures brune.

En dessous, les supérieures sont comme en dessus, mais plus blanches surtout au bord costal; les inférieures sont noirâtres, entourées, sauf le long du bord anal, d'une bordure blanchâtre; de plus elles ont une éclaircie blanchâtre presque médiane, marquée en son milieu d'un point noirâtre.

Les pattes sont blanches.

Duponchelia Fovealis, Z. (Canuisalis, Mill.) (pl. VI, fig. 37).

Alger et Biskra.

Duponchelia Caïdalis, Oberthür (pl. VI, fig. 39).

2 ♂ et 1 ♀ pris à Biskra, en mai 1885 (L. Bleuse).

Plus petite que *Fovealis;* d'un jaune brunâtre clair; les ailes supérieures traversées par une ligne extrabasilaire brun foncé, décrivant un arc peu accentué et lançant un petit trait sagitté qui souligne la nervure médiane. Cette ligne extrabasilaire paraît se lier, en se prolongeant sur l'aile inférieure, à la grande ligne commune, brune, irrégulière et accidentée, extérieurement éclairée de blanchâtre, qui part du bord costal des supérieures pour aboutir au bord anal des inférieures. Le centre des ailes supérieures est marqué d'une petite tache brune, éclairée à son milieu de jaunâtre. Le dessous reproduit le dessus en plus pâle. L'*Adelalis*, Gn., dont nous possédons le *specimen typicum*, est une espèce bien différente, plus rapprochée de *Bruguieralis*, Dup., mais bien distincte.

Metasia Emiralis, Oberthür (pl. VI, fig. 33).

Biskra et Omach, mai 1885. Plusieurs exemplaires ♂ et ♀ pris par M. Bleuse.

A peu près de la taille des individus moyens d'*Hymenalis*, mais de forme générale un peu moins allongée. Ailes supérieures jaune paille, marquées par un arc noirâtre partant du bord costal, à la base même des ailes et aboutissant près du bord interne, puis traversées par une ligne intérieurement très épaisse d'atomes noirâtres, se reliant à l'arc basilaire, au-dessous de la nervure médiane, extérieurement lisérée de blanchâtre, sinueuse, se prolongeant en plus pâle sur l'aile inférieure qui est blanchâtre et brillante. Les supérieures ont en outre un point cellulaire noirâtre. Dessous plus pâle que dessus, brillant, avec le côté

et le disque des supérieures un peu noirâtre et la ligne commune assez épaisse, brun
noirâtre.

Le ♂ est plus clair et les lignes moins marquées que la ♀.

Synclera Bleusei, Oberthür (pl. VI, fig. 42).

Nous avons décrit cette espèce dans le *Bulletin de la Société entomologique de France*,
1887, page LXXXII, d'après quelques exemplaires dont un seul très frais, pris à Biskra, en
mai 1885, par M. Léon Bleuse à qui nous l'avons dédiée.

Botys Trinalis, W. V., var. Tripunctalis, Oberthür (pl. VI, fig. 41).

Bône, en juin 1884 (J. Merkl).

Dans le *Bulletin des Annonces de la Société entomologique de France*, 1887, p. XCIX,
nous avons décrit comme variété de *Flavalis* ce *Botys Tripunctalis* dont nous avons fait
graver la figure dans le présent ouvrage. Nous croyons maintenant que c'est plutôt comme
variété de *Trinalis* que le *Botys Tripunctalis* doit être considéré. Mais il est intermédiaire
entre certaines formes des deux espèces.

Pionea Africalis, Guenée; Oberthür (pl. VII, fig. 43).

Guenée a seulement décrit et non figuré cette *Pionea* dans le *Species général*, VIII,
Botydæ, page 369. Nous ne possédons que l'exemplaire ayant servi de type à la description
du *Species général*.

Pionea Bifascialis, Guenée; Oberthür (pl. VI, fig. 40).

Cette *Pionea Bifascialis* est sans doute la modification algérienne de *Politalis*, W. V.
Elle n'est pas rare à Lambèse où MM. René Oberthür et G. Allard, et L. Bleuse l'ont
capturée, les uns en mai 1875, l'autre en juin 1885. M. Guenée l'a décrite dans le *Species
général*, VIII, *Botydæ*, page 372. La *P. Bifascialis* est variable pour la taille, la teinte et
l'accentuation des dessins. Le *specimen typicum* de Guenée est moins bien écrit et plus
pâle que l'exemplaire dont la figure est publiée dans le présent ouvrage.

L'autre *Pionea* algérienne, *Conquistalis*, Guenée, paraît assez rare. Nous n'en possédons que deux individus, pris l'un à Hamman-Meskoutine par M. Roland Trimen, l'autre à Sidi-bel-Abbès par M. Codet. La *Pionea Conquistalis* est très voisine d'*Isatidalis*, Dup.

Orobena Renatalis, OBERTHÜR (pl. VI, fig. 36).

L'*Orobena Renatalis* est commune en Algérie ; elle habite les trois provinces ; elle vole un peu plus tôt que sa congénère *Comptalis*, c'est-à-dire dès le mois d'avril ; nous l'avons décrite dans le *Bulletin des Annales de la Société entomologique de France*, 1887, page xcix.

Orobena Allardalis, OBERTHÜR (pl. VII, fig. 54).

Nous ne possédons qu'un seul individu de cette charmante *Orobena*. Il a servi de type à la description que nous avons publiée dans le *Bulletin de la Société entomologique de France*, 1887, page xcix. M. le lieutenant d'infanterie L. Lahaye l'a pris à Aïn-Sefra en avril 1886.

Nous avons dédié cette *Orobena* à notre cher ami M. Gaston Allard, dont les voyages entomologiques en Algérie ont été le signal de la reprise des études qui n'ont cessé de se poursuivre depuis en France sur la faune lépidoptérologique algérienne. C'est à lui que les Français doivent sans doute de n'avoir pas laissé aux naturalistes étrangers le soin de s'occuper en leur lieu et place de dresser l'inventaire des Lépidoptères de l'Algérie.

Spilodes Algiralis, ALLARD.

Le *Spilodes (Botys) Algiralis*, Allard (*Ann. Soc. ent. Fr.*, 1867, pl. VI, fig. 4), est une espèce bien distincte et non une variété de *Palealis*. Nous en possédons vingt-quatre exemplaires d'Oudjda, Aïn-Sefra et Mécheria. Le *S. Algiralis* varie pour la taille et l'empâtement des traits nervuraux bruns sur les ailes supérieures et près du bord terminal des inférieures.

Scopula Illutalis, GUENÉE ; OBERTHÜR (pl. VII, fig. 45).

M. Guenée a décrit dans le *Species général*, VIII, *Botydæ*, page 400, la *Scopula Illutalis* qu'il n'a pas figurée. Comme il serait sans doute bien difficile de reconnaître exactement, sans la figure, cette *S. Illutalis,* nous avons fait représenter le *specimen typicum* existant dans la collection Guenée.

La *Scopula Numeralis,* Hb., vole aussi à Lambèse. Le type y est semblable à celui du midi de la France.

Mecyna Teriadalis, GUENÉE; OBERTHÜR (pl. VII, fig. 44).

La *Mecyna Teriadalis* est décrite dans le *Species général,* VIII, page 410. L'exemplaire de la collection Guenée est privé de son abdomen, mais cependant intact quant aux ailes. Nous l'avons fait figurer comme complément de la description écrite par M. Guenée. La provenance *Algérie* n'est cependant pas authentique. Nous possédons *Polygonalis* de Bône et d'Oran, et le type ne diffère presque pas dans ces localités de celui d'Andalousie. La *Teriadalis* se rapprocherait plutôt d'une *Mecyna* australienne existant aussi, mais sans nom, dans la collection Guenée.

Quoi qu'il en soit, nous avons cru devoir publier les figures de toutes les espèces de *Pyralides* algériennes dont la description seule avait paru jusqu'ici dans le *Species général,* convaincu que sans ces figures les descriptions de Guenée fussent restées sans objet.

Heterographis Fathmella, OBERTHÜR (pl. VI, fig. 30 *d, d'*).

Corps, tête, antennes et ailes supérieures d'un blanc jaunâtre; celles-ci parsemées de points bruns extrêmement petits, bien visibles à la loupe, pas très serrés, au milieu desquels se détachent deux points bruns plus gros, l'un dans l'espace médian, l'autre pas très éloigné de la base, sur la nervure sous-médiane. Les nervures un peu saillantes et produisant des ombres principalement entre la sous-costale et la médiane, et entre celle-ci et la sous-médiane.

Ailes inférieures luisantes sur le disque, blanc jaunâtre le long des bords costal et terminal.

Frange assez longue, blanche aux inférieures, un peu plus jaunâtre aux supérieures.

Dessous luisant uniformément jaunâtre aux supérieures et blanchâtre aux inférieures.

Biskra, en mai 1885 (L. Bleuse).

7

Myelois Talebella, Oberthür (pl. VI, fig. 29 *b, b'*).

Ailes supérieures en dessus grises, à nervures saillantes, ayant la côte blanchâtre et une ligne transversale subterminale, divisée au-dessus de la nervure sous-médiane par un trait blanchâtre, extérieurement éclairée de blanc et de jaunâtre saumoné clair; l'espace basilaire au-dessous de la nervure médiane offre une tache inférieurement bilobée d'un jaune saumoné pâle.

Les inférieures sont luisantes, blanches, avec le bord terminal étroitement bruni.

Dessous uni, luisant, blanc aux inférieures, sauf aux bords costal et terminal qui sont jaunâtres, gris aux supérieures avec les bords costal et terminal d'un jaune rosé pâle.

Cette *Myelois* offre près de l'extrémité apicale une dépression du bord costal qui est bien rendue dans la figure 29 *b'*.

Biskra, en mai 1885 (L. Bleuse).

Myelois Zelicella, Oberthür (pl. VI, fig. 25 *h*, 25 *h'*).

Ailes supérieures en dessus grises, avec le bord costal blanchâtre un peu rosé, semé d'atomes noirs très petits. La nervure médiane, paraissant former un relief blanchâtre, porte un petit point noirâtre; au delà de la base une bande transverse saumon pâle descend du bord costal au bord interne, décrivant un arc très peu accentué et de telle façon qu'elle est presque droite dans la partie inférieure de son parcours. Intérieurement elle est accompagnée d'une ombre grise un peu plus foncée que la teinte du fond des ailes. L'espace basilaire est rosé. Une seconde bande subterminale également saumon pâle, mais d'abord gris blanchâtre et plus étroite au contact du bord costal, descend au bord interne, avec une direction assez parallèle au bord terminal, mais en faisant une légère ondulation intranervurale; la frange est large et grise.

Les ailes inférieures sont luisantes, blanches, avec le bord indiqué par un trait fin brunâtre, extérieurement légèrement éclairé de jaune. La frange est blanche.

En dessous les ailes sont luisantes; les supérieures ont le disque blanchâtre, la côte et l'extrémité gris rosé; les inférieures sont blanches avec le bord costal rosé. Le bord terminal est limité par un mince filet brunâtre suivi extérieurement d'un liséré fin jaunâtre un peu rosé.

Les pattes sont assez longues; le dernier article est annelé de noirâtre et de jaunâtre.

Biskra, en mai 1885 (L. Bleuse).

Myelois Zohrella, Oberthür (pl. VI, fig. 32 *c*, 32 *c'*).

Fond des ailes supérieures jaunâtre, mais paraissant gris foncé à cause du semis d'atomes noirs assez épais répandu sur les ailes. Celles-ci sont traversées par une bande basilaire oblique, assez indécise, jaunâtre, paraissant extérieurement assez ondulée, inférieurement et près du bord interne, appuyée sur une tache noirâtre. La nervure médiane paraît un relief blanchâtre surmonté d'un tout petit point noirâtre vers son extrémité; la côte, jusqu'à la nervure costale est plus pâle; de même l'espace inférieur des ailes est également plus pâle, en ce sens que le·semis des atomes noirs y paraît moins épais. La bande transversale subterminale a une direction assez droite, pas tout à fait parallèle au bord terminal; cette bande se compose d'un mince filet blanchâtre intérieurement limité de gris noirâtre qui forme avant d'arriver au bord terminal, comme une extrémité cordiforme atténuée. Extérieurement il y a une ligne rouge brique très clair. Les ailes inférieures sont luisantes, brunâtres, plus foncées vers le bord terminal, entourées d'une frange fine assez longue plus claire et plus blanchâtre que le fond des ailes.

En dessous, les ailes sont luisantes, brunâtres; les supérieures avec le disque jusqu'à la bande transverse subterminale plus foncé.

Cette espèce a l'aspect grêle; les ailes sont minces, les pattes fines, l'abdomen un peu pointu.

Biskra, en mai 1885 (L. Bleuse).

Le nombre des *Phycidæ* est grand en Algérie. Nous en possédons plusieurs autres espèces que nous croyons nouvelles, notamment d'Aïn-Sefra, Magenta, Sebdou, Mécheria. Mais nous croyons que si des figures sont surtout nécessaires, c'est dans ce groupe d'espèces ayant souvent un même dessin général (ainsi *Talebella, Zelicella, Zohrella* ont toutes les trois le fond des ailes gris coupé par deux bandes transversales, l'une près de la base, l'autre dans l'espace subterminal), mais bien distinctes pourtant par des détails que le dessin doit fortement aider à rendre compréhensibles.

Nous attendrons donc, pour les faire connaître, à en publier les figures. La plupart de ces espèces nouvelles sont charmantes; nous avons notamment de Mécheria dix-huit exemplaires d'une *Myelois* (genre *Semnia*, Guenée) voisine de *Cruentella*, Duponchel, mais bien distincte par la diffusion de la teinte carminée sur les ailes supérieures. Le bord costal est jusqu'à l'apex lavé de rose carmin, ainsi que l'espace compris entre les nervures médiane et sous-médiane, de telle façon que la teinte blanche du fond des ailes pénètre comme un coin dans le lavis rose sur lequel les nervures médiane et sous-médiane se détachent en blanc.

D'autre part, M. Staudinger nous a communiqué des *Phycidæ* provenant de son voyage de 1887 en Algérie et qui nous ont paru nouvelles. Il y a donc dans notre colonie transméditerranéenne de nombreuses espèces de ce groupe à faire connaître encore actuellement. Nous nous efforcerons de différer le moins possible la publication de celles que renferme notre collection.

Depressaria Subnervosa, Oberthür (pl. VI, fig. 27 *e*, 27 *e'*, 27 *e''*).

M. Bleuse a obtenu à Lambèse, en juin 1885, trois exemplaires de cette *Depressaria* qui est voisine de notre *Nervosa*. La chenille vit dans les fleurs jaunes de l'ombellifère qui produit le henné. La *Subnervosa* est un peu plus grande; la forme des ailes supérieures diffère en ce sens que le bord costal n'est pas entouré par la frange au-dessus de l'apex; la couleur des ailes est plus mate, plus vineuse; l'espace médian depuis la base est traversé par de petits traits noirâtres sagittés formant une sorte de ligne interrompue aboutissant à une série de traits de même nature régulièrement espacés dans l'espace subterminal et portant à leur extrémité un point clair difficile à percevoir à l'œil nu. La fig. 27 *e''* représente la coque que fait la larve.

Grapholita Bleuseana Oberthür (pl. VI, fig. 24 *g*, 24 *g'*).

Espèce robuste, se plaçant dans le voisinage d'*Hübneriana* et d'*Agrestana*, découverte à Lambèse par M. Bleuse qui l'y a prise en juin 1885. Les ailes supérieures sont brun rougeâtre et les inférieures plus noirâtres; celles-ci avec une frange gris blond.

Les supérieures ont au contact du bord interne et à peu près vers le milieu, une tache unie, grisâtre, limitée obliquement par une teinte brun foncé; les espaces basilaire, costal et terminal ont un petit semis de points bruns plus foncés que la teinte du fond et formant comme une série de petites chaines assez régulières ou de vermiculation.

En dessous les supérieures sont noirâtres, unies, luisantes avec les bords costal et terminal nettement marqués en chamois pâle; les inférieures sont jaunâtres, luisantes, avec un reflet noirâtre, mais plus claires que les supérieures et avec le bord costal plus jaune et moins noirâtre que le disque.

L'espèce varie beaucoup pour la teinte générale et l'accentuation des dessins. Nous possédons une ♀ presque uniformément unicolore brun de bois clair; un ♂ gris, avec la côte plus pâle et les vermiculations effacées, un ♂ et une ♀ à dessins plus accentués encore que ceux du type représenté dans cet ouvrage.

Cochylis Ostrinana, GUENÉE; OBERTHÜR (pl. VI, fig. 26 *f*, 26 *f'*).

Guenée a décrit dans son *Europæorum Microlepidopterorum Index methodicus* paru en 1845, page 61, sous le nom d'*Ostrinana*, une *Cochylis* (*Eupœcilia*) prise à Châteaudun et dont nous possédons le *specimen typicum* encore parfaitement conservé. Cette *Ostrinana* qui n'a jamais été figurée est sans doute la même espèce que Herrich-Schæffer a publiée (*Tortricides Europ.*, tab. 12, n° 81) sous le nom de *Purpuratana*. M. Bleuse a trouvé à Lambèse en juin 1885 et M. Staudinger a pris dans la même localité en 1887 la *Cochylis* décrite par Guenée et que, faute de figure, personne n'eût sans doute jamais pu exactement identifier. Nous avons fait représenter un exemplaire de Lambèse. Celui de Guenée, pris à Châteaudun, est plus foncé; il a la teinte de *Purpuratana,* H.-S.

Tachyptilia Mauricaudella, OBERTHÜR (pl. VI, fig. 34).

Commune à Lambèse où M. Bleuse l'a capturée dans les fleurs en juin 1885. Voisine de *Scintillella*, Fr. Ailes supérieures en dessus entièrement d'un brun noir un peu luisant; ailes inférieures plus pâles; dessous uniformément noirâtre luisant; palpes, tête, épaulettes, thorax jaune d'or; abdomen noirâtre luisant.

Quelques exemplaires peuvent avoir le milieu du thorax noirâtre. A la base des ailes supérieures, au départ des nervures on voit des atomes jaune d'or formant quelquefois une ligne longitudinale. M. Staudinger a pris la même espèce à Lambèse en 1887.

Teleia Omachella, OBERTHÜR (pl. VI, fig. 28 *a*, 28 *a'*).

Omach (L. Bleuse), en mai 1885.

Ailes supérieures en dessus jaunâtres avec des dessins brunâtres; ailes inférieures blanc satiné avec une large frange soyeuse blanc un peu jaunâtre. Aux supérieures il y a d'abord trois points basilaires formant une ligne oblique, puis un trait transversal oblique allant du bord costal au bord interne. Au delà de ce trait, un petit point brun, nettement écrit, occupant un espace jaunâtre uni entre la ligne oblique précitée et l'espace terminal qui est obscurci par des atomes brunâtres serrés. La tête est blanc jaunâtre; le dessous est luisant, jaunâtre, avec les inférieures plus blanchâtres. Les pattes sont longues jaunâtres.

Gelechia Saharæ, Oberthür (pl. VI, fig. 34 *k*, 34 *k'*).

Ailes supérieures en dessus jaune de sable, paraissant grises à cause de la quantité de petits atomes noirâtres qui sont semés assez régulièrement et de façon à indiquer seulement quelques points plus obscurs, là où ils sont plus serrés; ailes inférieures brun clair présentant avec les ailes supérieures, la tête et le corps un ton de coloration générale assez uniforme.

Dessous luisant, brunâtre, avec les inférieures plus claires.

Pattes très longues et blanchâtres.

Découverte à Omach par M. Bleuse, en mai 1885.

EXPLICATION DES PLANCHES

Planche I,	figure	1.	PAPILIO TABORANUS, Obtr.
—	—	2.	PAPILIO REX, Obtr.
—	—	3.	PAPILIO MICRODAMAS, Burm.
Planche II,	figure	4.	PAPILIO JUDICAËL, Obtr.
—	—	5.	ALÆNA MAJOR, Obtr.
—	—	6.	PAPILIO BIRCHALLI, Hew.
Planche III,	figure	7.	ALÆNA HAUTTECŒURI, ♀, Obtr.
—	—	8.	ACRÆA BALBINA, Obtr.
—	—	9.	ALÆNA HAUTTECŒURI, ♂, Obtr.
—	—	10.	ORNITHOPTERA TITHONUS, ♀, de Haan.
Planche IV,	figure	I, *a*, *b*.	VANESSA RADAMA, Bdv.
—	—	II, *c*, *d*.	LIMENITIS DUMETORUM, Bdv.
—	—	III, *e*, *f*.	ATELLA PHALANTA, Fab.
—	—	IV, *g*, *h*, *i*, *j*.	VANESSA BORBONICA, Obtr.
—	—	V, *k*, *l*, *m*.	PAPILIO DEMOLEUS, Lin.
—	—	VI, *p*, *q*, *r*.	PAPILIO DISPARILIS, Bdv.
—	—	VII, *n*, *o*.	AGANAIS BORBONICA, Bdv.
Planche V,	figure	11.	ANTHOCHARIS PECHI, Stgr.
—	—	12.	PIERIS DAPLIDICE, Lin., var. ALBIDICE, Obtr.
—	—	13.	ACIDALIA MERKLARIA, Obtr.
—	—	14.	CIMELIA MIMICARIA, Obtr.
—	—	15.	CLEOPHANA OMAR, Obtr.
—	—	16.	BOMBYX STAUDINGERI, ♂, Baker.
—	—	17.	ACONTIA BISKRENSIS, Obtr.
—	—	18.	TEPHRINA BISKRARIA, Obtr.
—	—	19.	LARVA PAPILIO MACHAON, Lin., var. HOSPITONIDES, Obtr.
—	—	20.	MAMESTRA IMMUNDA, Ev., var. ROSEONITENS, Obtr.
—	—	21.	CLEDEOBIA SUBOLIVALIS, Obtr.
—	—	22.	CLEDEOBIA INTERJUNCTALIS, Guenée.
—	—	23, *a*, *b*.	SYRICHTHUS MOHAMMED, Obtr.

Planche VI, figure 24 *g, g'*.   GRAPHOLITA BLEUSEANA, Obtr.
     —   —   25 *h, h'*.   MYELOIS ZELICELLA, Obtr.
     —   —   26 *f, f'*.   COCHYLIS OSTRINANA, Guenée.
     —   —   27 *e, e', e''*. DEPRESSARIA SUBNERVOSA, Obtr.
     —   —   28 *a, a'*.   TELEIA OMACHELLA, Obtr.
     —   —   29 *b, b'*.   MYELOIS TALEBELLA, Obtr.
     —   —   30 *d, d'*.   HETEROGRAPHIS FATHMELLA, Obtr.
     —   —   31.   STEMMATOPHORA LEONALIS, Obtr.
     —   —   32 *c, c'*.   MYELOIS ZOHRELLA, Obtr.
     —   —   33.   METASIA EMIRALIS, Obtr.
     —   —   34.   TACHYPTILIA MAURICAUDELLA, Obtr.
     —   —   34 *k, k'*.   GELECHIA SAHARÆ, Obtr.
     —   —   35.   APORODES YAMINALIS, Obtr.
     —   —   36.   OROBENA RENATALIS, Obtr.
     —   —   37.   DUPONCHELIA FOVEALIS, Z.
     —   —   38.   CLEDEOBIA BLEUSEI, Obtr.
     —   —   39.   DUPONCHELIA CAIDALIS, Obtr.
     —   —   40.   PIONEA BIFASCIALIS, Guenée.
     —   —   41.   BOTYS TRINALIS, W. V., var. TRIPUNCTALIS, Obtr.
     —   —   42.   SYNCLERA BLEUSEI, Obtr.

Planche VII, figure 43.   PIONEA AFRICALIS, Guenée.
     —   —   44.   MECYNA TERIADALIS, Guenée.
     —   —   45.   SCOPULA ILLUTALIS, Guenée.
     —   —   46.   THYRIS NEVADÆ, Obtr.
     —   —   47.   PAPILIO LAIUS, Roger.
     —   —   48 *a, b, c*. ZYGÆNA HILARIS, Ochs., et var. ESCORIALENSIS, Obtr.
     —   —   49 *a*.   ZYGÆNA FAUSTA, Lin., var. JUNCEÆ, Obtr.
     —   —   50.   HYPOCHROMA LAHAYEI, Obtr.
     —   —   51.   PAPILIO VERCINGETORIX, Obtr.
     —   —   52 *a*.   SESIA PECHI, Stgr.
     —   —   53 *a*.   PACHNOBIA VARIICOLLIS, Delahaye.
     —   —   54.   OROBENA ALLARDALIS, Obtr.

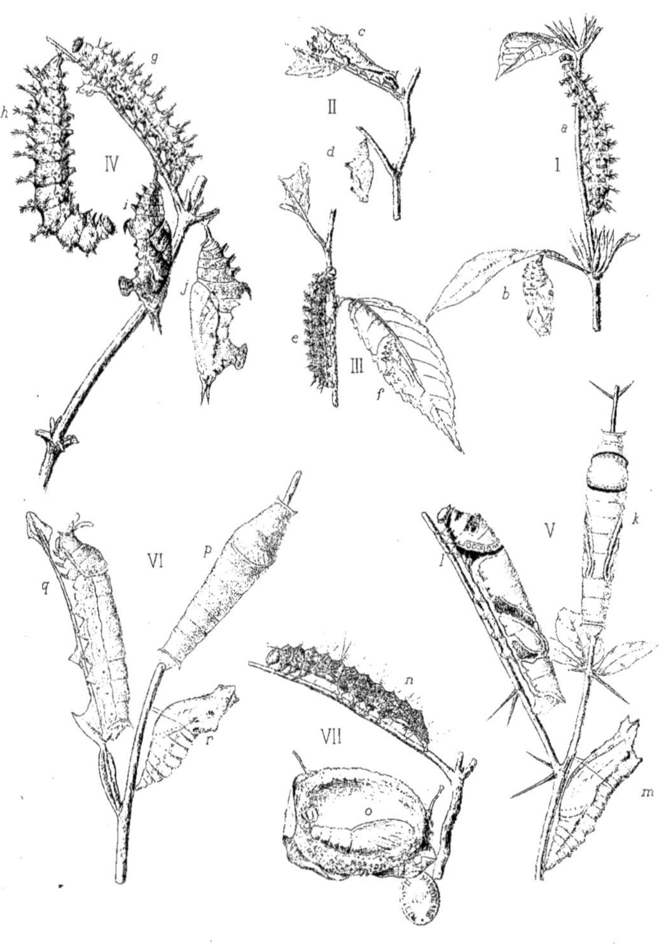
g
h
IV
i
j
c
II
d
a
I
b
e
III
f
k
V
p
VI
q
l
r
n
VII
o
m

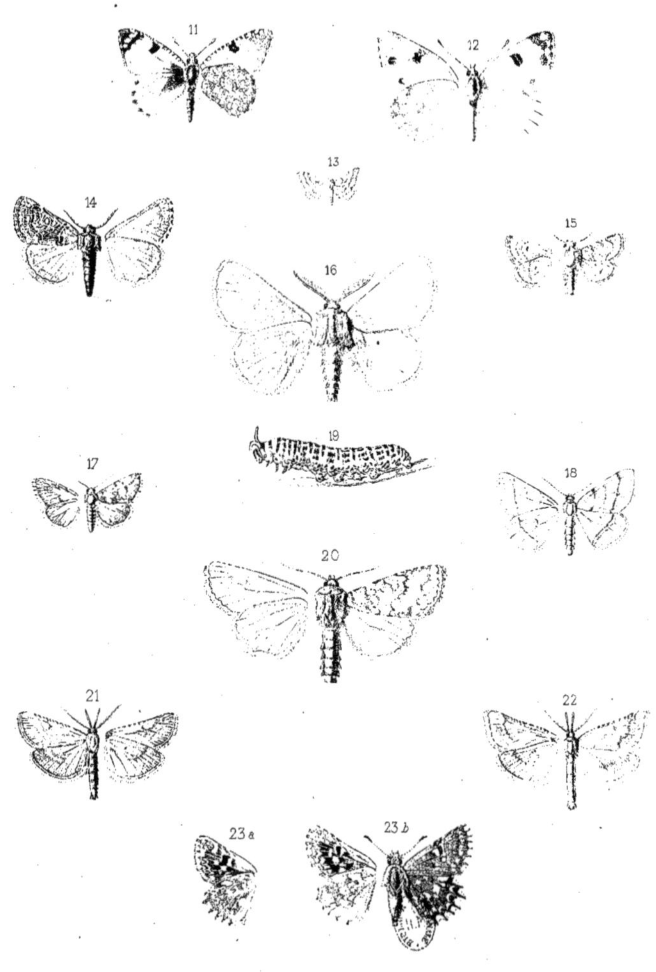

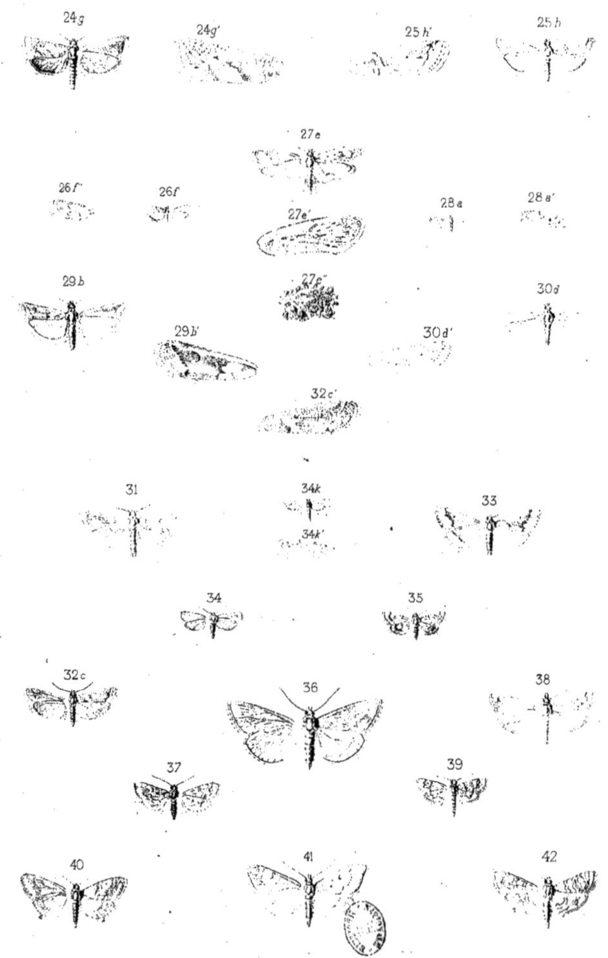
24 g
24 g'
25 h'
25 h
27 e
26 f'
26 f
28 a
28 a'
27 e'
29 b
27 f'
30 d
29 b'
30 d'
32 c'
31
34 k
33
34 k'
34
35
32 c
36
38
37
39
40
41
42

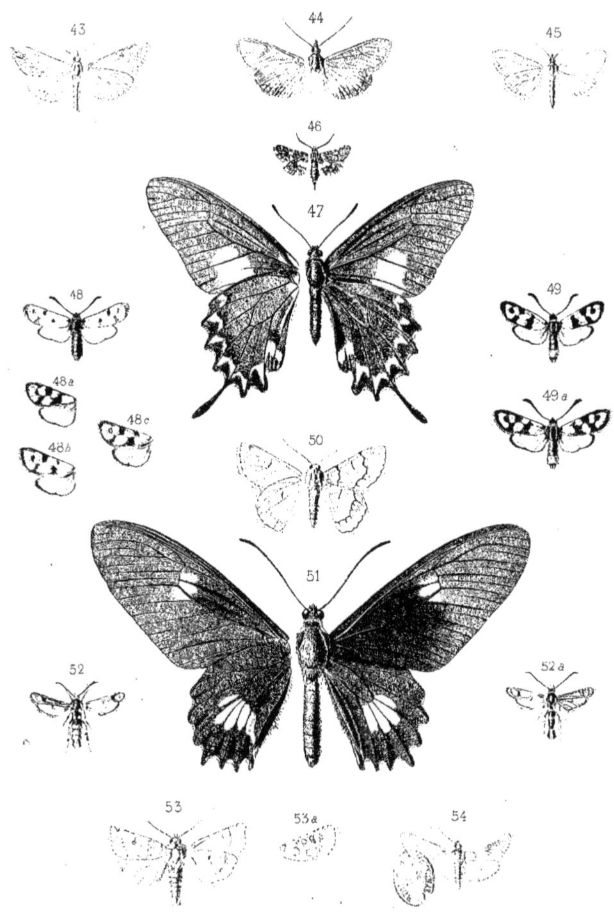